名機對決
世界客機經典賽 3

旗艦雙發機
波音777
VS
空中巴士 A350
兼具效率與運輸能力的大型旗艦機

A☆50/Akira Igarashi
A☆50/Akira Igarashi

人人出版

稱霸21世紀天空的大型雙發廣體機

Flagship Big Twin

配備怪獸等級的發動機
展翅飛向世界的大型廣體機
Boeing777

A☆50/Akira Igarashi

A☆50/Akira Igarashi

Airbus A350
即位新旗艦機的超廣體機（XWB）

Charlie FURUSHO

爭奪旗艦機的寶座
777與A350的雙雄對決

CONTENTS

2 — 刊頭寫真
稱霸21世紀天空的大型雙發廣體機
Flagship Big Twin

12 — 實現對現代客機要求的高效率與環境性能
旗艦機邁向大型雙發機的時代

18 — The History of Flagship Twin Jet 01
機體性能和開發方法一併創新
在天空開啟新篇章的777

24 — 細部解說
波音777的機械結構

36 — 從中程機往長程機的飛躍
波音777衍生機型全面解說

48 — 第二代「國家旗艦機」
日本政府專機B-777

目次相片：KAJI
封面相片：A☆50/Akira Igarashi（上）
　　　　　深澤 明（下）
封底相片：KAJI（上）
　　　　　A☆50/Akira Igarashi（下）

54 — The History of Flagship Twin Jet 02
當超大型機A380陷入苦戰，空巴毅然決然開發
逆襲的王牌A350XWB

60 — 細部解說
空巴A350的機械結構

72 — 開發貨機擴大家族成員
空巴A350衍生機型全面解說

78 — 回顧演變到777與A350的歷程
旗艦機變遷史

96 — 促使雙發機躍進的限制放寬
長程航線的營運規定「ETOPS」

100 — 客機不僅性能上的進化
限定證照共通化的好處

104 — 全球關注的話題
777與A350旗艦機外傳

128 — 在日本的航空公司設籍的
777&A350全機名冊

實現21世紀客機要求的高效率與環境性能
旗艦機邁向大型雙發機的時代

說到各大航空公司的明星航線，那就是長程國際航線。
長程國際航線的主力機種，必然會成為該航空公司的旗艦機。
在1990年代之前，大多數航空公司的旗艦機是波音747巨無霸客機，
沒有使用巨無霸客機的話，則使用麥克唐納-道格拉斯的三發機MD-11等當作招牌客機。
但是到了21世紀，由於原油價格高漲、環境意識抬頭等因素的衝擊，潮流開始產生轉變。
波音大幅提升原本主要用於中短程航線的777續航性能，將其投入長程航線；
空巴也開發出A350XWB，把大型雙發廣體機加進產品線中。
具有高營運效率且能做到大量運輸的大型雙發廣體機，打敗了最新的
超大型四發機A380及747-8，登上旗艦機的寶座。

文= 阿施光南

Boeing 777
KAJI

Airbus A350
A☆50/Akira Igarashi

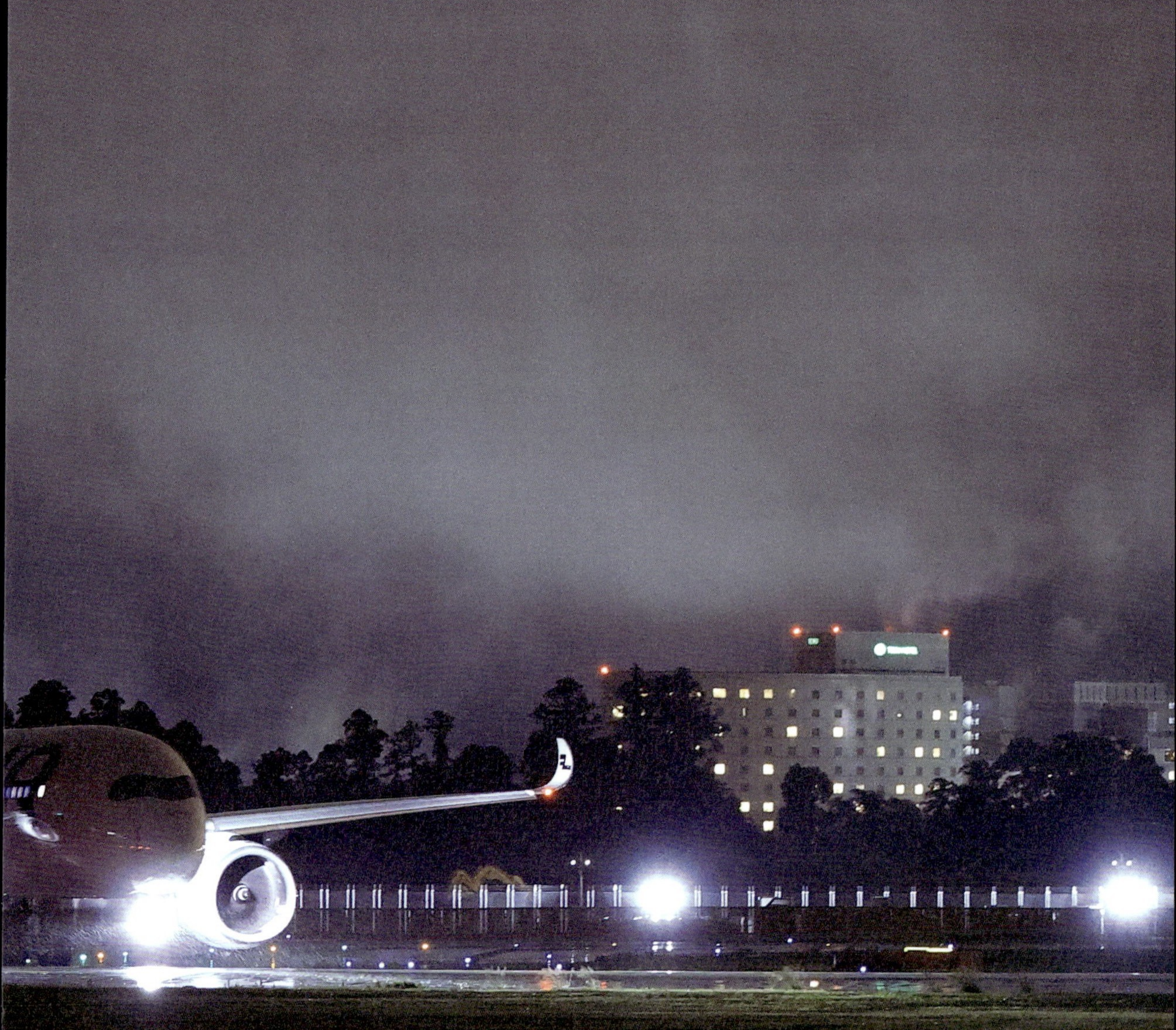

現在絕大多數客機都是雙發機，但直到十幾年前為止，許多航空公司是把747巨無霸噴射客機作為長程國際航線的旗艦機。

超大型四發機時代的結束與雙發廣體機的抬頭

A380是為了從747奪下旗艦機寶座而開發的機型，但儘管獲得旅客的高度支持，卻仍在生產254架之後宣告收場。

747-8是為了對抗A380而開發的機型，但客機型的銷售乏力，只有3家客戶採用，於是在2023年停止生產。

　　旗艦機是航空公司的顏面。對航空公司而言，在1990年代之前的旗艦機，毫無疑問就是波音747巨無霸噴射客機（Jumbo Jet）。那是全世界最大而且飛得最遠的獨一無二客機，擁有747，也就彰顯了航空公司的身分地位。

　　但是進入21世紀之後，這樣的價值觀開始動搖了。2005年首次飛行的空巴A380比747更大、更經濟，並且實現了更舒適的航空旅行。747雖然一再改良，但畢竟是1960年代技術所製造的客機。A380匯集30年以上技術進步的成果，當然沒有道理輸給它。

　　不過，A380的銷路並不如預期中的暢旺，而為了對抗A380推出的新型747-8，銷路更差。儘管波音強調，747-8沒有A380尺寸過大的問題，以

旗艦機的世代交替

日本的JAL、ANA、JAS這3家大公司都引進了777。但當初的定位是國內航線的幹線、準幹線用的飛機。

Charlie FURUSHO

及機組員證照能與銷售最佳的747-400共通等優勢，但採用作為客機的只有漢莎航空、大韓航空和中國國際航空而已。在這個時期，銷售最熱門的客機是更小型的777。

A380進行首次飛行時，777已經完成首次飛行超過10年以上了，絕對不是新的客機，而且在推出上市當時，也沒有期待它能成為旗艦機。在1990年代，正值三星式（TriStar）及DC-10等三發廣體機相繼退役的時期，但洛克希德（Lockheed）並沒有推出三星式的後繼機型，就此退出客機事業。麥克唐納·道格拉斯公司（McDonnell Douglas，簡稱麥道）以DC-10為基礎開發了MD-11，但轉為專門提供長程航線運用的稍微大型客機。也就是說，MD-11不再是DC-10所扮演的美國國內航線用廣體機的角色。但是，波音並沒有這個級別的客機，767太小，747卻又太大。因此決定開發中間尺寸的客機，也就是777。

提升續航性能的777
也在長程航線擔負重任

最初生產的777-200無論是外觀和機體規模，都像是拿掉DC-10中央發動機的雙發客機。雙發客機若要飛行長程航線會受到限制，但是像美國國內航線這種中短程航線的話就沒有問題。而且，後來ETOPS（Extended-range Twin-engine Operational Performance Standards，雙發動機延程飛行操作標準）放寬了雙發機飛行長程航線的規定。777的燃料消耗量為747的三分之二左右，也就是說，使用相同的燃料量可以飛行1.5倍的距離，因此作為長程客機的潛力也很高。事實上，波音開發的777-200ER，特地強化機體構造

15

777在長程型登場之後，才開始進逼旗艦機的寶座。尤其是運輸能力直逼747經典型的777-300ER，在長程國際航線上一舉提升氣勢。

Boeing

及發動機以便提高燃料的裝載量，結果創下了當時客機的最長飛行紀錄。

此外，波音還開發了長機身型777-300，把這種能夠搭載大重量的飛行能力用於增加座位數，而非拉長航程。這些客機的定位，仍然是當作進入退役時期的747經典型的後繼機。777-300的航程比777-200ER短，但原本747經典型的航程也沒那麼長，所以作為後繼機沒有問題。而且如果有長程需求的話，波音還有747-400。

可是，眾多航空公司得知777的高經濟性後，並不想要747-400，而是希望777-300能夠提升航程。這麼一來，就必須裝載更多燃料，導致機體變重；而要讓變重的機體飛行，就需要更大的機翼和強大的發動機。因此，波音開發了拉長機翼的777-300ER，奇異（General Electric）則製造出號稱史上最強的GE90發動機。777投入營運的2004年，這個時間點也可以說747的時代結束了吧！儘管更大型的A380還無法用777-300ER來取代，但需要這麼龐大客機的航線並不多，這點可以由銷售機數看出來。或者就算777-300ER沒有上場，也很難說A380可以賣得更多……。

777在首次飛行後過了10年，終於奪下旗艦機的寶座。

與777並駕齊驅的機體和性能 大型雙發機A350XWB登場

空中巴士（空巴）儘管在21世紀獲得與波音勢均力敵的業績，但始終未能奪得旗艦機的寶座。航空公司在代表公司自身的廣告等宣傳品中，仍絕大多數以747亮相。因此，空巴最大的心願，就是打造一架能夠成為航空公司顏面的客機，打破這個局面。而能夠實現這個大願的，理應就是A380。

A380這架超大型客機以令人訝異的速度順利完成開發作業，並且毫無疑義地取得型號認證。不僅性能和經濟

旗艦機的世代交替

空巴一度想藉由改良A330來對抗787，但未能獲得客戶的支持，於是開發了全新設計的A350XWB。

性都符合預期，舒適性也獲得乘客的高度評價。可是，銷售成績卻不如預期。即使和新上市的競爭對手747-8有巨大的差異，但卻沒有同時期製造的777-300ER及787那樣的氣勢。

尤其是787的銷售佳績，對空巴來說可能是跌破眼鏡了。787的經濟性是A330就足以抗衡的水準，事實上在787啟動後，A330的訂單仍然繼續成長。而且如果有必要的話，也可以換裝為了787而開發的高效率發動機。空巴就曾經提出裝配這種新發動機的機型A350（初期方案）。

但是，787的聲勢絲毫未減，使得最初的A350方案遭到否決。787在尚未完成之前，以客機來說就已經史無前例地獲得了大量訂單，後來才出的空巴即使提供相同水準的經濟性也沒有意義吧！這個時候航空公司想要的，並不是與787相同水準的對手，而是更加超越的客機。

因此，空巴從零開始重新設計了一個機型，也就是現在的A350。這個機體方案編號為A350XWB（eXtra-Wide-Body），最大的特徵是比A330和787更寬廣的機身，不僅有可能提供更優質的服務，也可望實現更大型的機體。也就是說，能涵蓋比787更大型的777市場。事實上，有許多引進787的航空公司也引進了A350，應該就是因為認知它與787屬於不同的級別。而777也是取代747，以旗艦機之姿稱霸世界的客機，打敗777也等於爭得空巴殷切期盼的旗艦機地位。

A350XWB的XWB是「eXtra-Wide-Body」的簡稱，顧名思義，具有比A330更寬廣的機身，因此實現了高度的運輸能力和舒適的客艙空間。越來越多航空公司以這個機型作為旗艦機。

17

The History of Flagship Twin Jet 01

機體性能和開發方法一併創新
在天空開啟新篇章的777

波音777由於世界各國航空公司引進作為旗艦機而成為銷售冠軍，
從此開啟雙發廣體機的全盛時期。
除了機體的性能及可靠度的提升之外，邀請合作企業及航空公司客戶一起參與的開發方式
「協同作業」，也成為其後的客機開發標準，這些特點讓波音777成為劃時代的機型。
波音777達成從四發機奪下旗艦機寶座的歷史任務，
未來的人們也將永遠記得這架在各個方面改變客機常識的革新性雙發機！

文＝內藤雷太　相片＝波音（特別記載除外）

新型機開發的關鍵詞是「協同作業」

1994年4月9日，筆者被一輛巨大的巴士載到波音的埃弗里特（Everett）工廠的最後組裝線。在微弱燈光下略顯昏暗的廣闊工廠內，正面豎立著一面巨大的螢光幕，遮住了背後的景物，周圍擠滿同樣被巴士載來的人群，場景就像是搖滾音樂會。大家的臉上浮現著充滿期待的表情，迎接即將展開的世紀性大活動。突然傳來宣布活動開始的聲音並響起高昂的音樂聲，讓騷動的群眾頓時安靜了下來。螢光幕的畫面切換到錄影帶的影像，視野中盡是開發歷程的紀錄，中途不時穿插機體的解說，並且一再反覆地出現「協同作業」（Working Together）這個關鍵詞。當「波音777」的標誌出現在螢光幕的瞬間，奏起了波瀾壯闊的音樂，同時巨大的螢光幕也開始緩緩上升。在耀眼的波音藍（Boeing Blue）聚光燈照射下，一個巨大的身影浮現出來，正是波音的新世代雙發廣體機波音777-200 —— 這就是777問世的瞬間。

在777的首展典禮中採用這麼豪華的表演手法，對於波音來說也是第一次嘗試。周圍的群眾都是參與開發的波音員工及其家人、從相關企業邀請前來的客人。而且我後來才得知，把整座大工廠擠得水洩不通的群眾只是一小部分而已，事實上，波音總共招待了10萬人參加當天的777首展典禮。為了能在一天之中讓10萬人參與這場盛況空前的典禮，波音竟然在當天反覆操作了數十次相同的活動。而招待10萬人的理由，就是波音在開發777時所揭示的「協同作業」這個概念。作為波音旗艦機問市的777，之所以能成為一架具有許多先進特點的革新性雙發廣體機，其中的關鍵就在於「協同作業」。

777現在仍是世界最大級的客機，但是在777-200登場的時候，尺寸就已經突破了雙發機的極限。雙發廣體機不僅展現出顯著的進步，而且尺寸也一年比一年增大，導致新型機的開發風險不斷提高。客機的開發為先行投資，包括開發團隊的人事費用、生產線的設備投資、機體製造材料的採購費、為了取得型號認證而支出的龐大測試費用等等，

這些投資的成本以及未來的收益，必須等到交付機體，航空公司完成付款後，才有可能回收。在此之前的數年間，巨額的先行投資持續帶給企業沉重的壓力，開發失敗的風險是難以想像的。波音由於超音速客機開發失敗和747的開發經驗，深切感受到大型客機開發的恐怖，因此推出「協同作業」作為分散風險的對策。

這個策略的起始點是在開發前代機型767的時候，波音根據過去經驗想尋求分攤風險的伙伴，當時找上的對象是日本。當時，日本的通商產業省和航空工業界由於開發YS-11，使財務出現巨大的虧損而陷入困境，為了守護日本的飛機產業，正在摸索繼YS-11之後的國產客機開發計畫YX的可能性。波音注意到這件事，建議把YX和該公司下期中程客機7X7整合在一起。於是在波音的主導下，由日本分攤15%的工作，開始進行共同開發，最終在1982年推出767上市。這個合作過程的後續發展，就是777的「協同作業」。

多家日本廠商共同參與
吸取客機開發的專業知識

波音第一架雙發廣體機767面世時的市場態勢，是空巴乘著A300的成功之勢急速增加在雙發廣體機的市場占有率，同時針對波音發表的767，全力開發A310。市場一下子進入767對A310的激烈競爭之中，並且由於這兩個機型的活躍，以往的三發機、四發機航線逐漸由雙發廣體機所取代。

在這裡談到雙發廣體機的發展必定會牽涉到的ETOPS規定吧！這是表示雙發

777的截面圖。當時波音提案的經濟艙標準座位配置為2-5-2的橫向一排9座式。機翼原本預定採用摺疊式翼尖的構造。

機於緊急時可營運的限制及範圍的基準，依據ICAO（國際民航組織）、FAA（美國聯邦航空總署）、JAA（歐洲聯合航空署，現在的EASA）於1985年制定的規則，以雙發機在一具發動機故障時，只用一具發動機能夠巡航的時間，來表示雙發機能夠飛行的限制。如果在航線的出發地與目的地之間，有能夠在ETOPS所規定的時間內改道降落的替代機場，則該航線允許營運雙發機。這個規定的時間越拉長，則雙發機越能夠在離替代機場更遠的航線飛行。767和A310是最早獲得ETOPS許可的機體，當時的限制時間是120分鐘。不過，由於兩個機型的營運實績和航空公司的航線開拓獲得越來越高的評價，因此在1988年放寬到ETOPS-180。於是，雙發廣體機得以取代三發機、四發機，在絕大多數的航線上飛行。由於這個規定放寬的趨勢和雙發廣體機的性能提升，航空公司對於大型雙發廣體機的需求越來越強烈，這讓777的登場具備了成熟的條件。

當時，波音最大的機體是747，其次是767。但這兩個機型的尺寸有段差

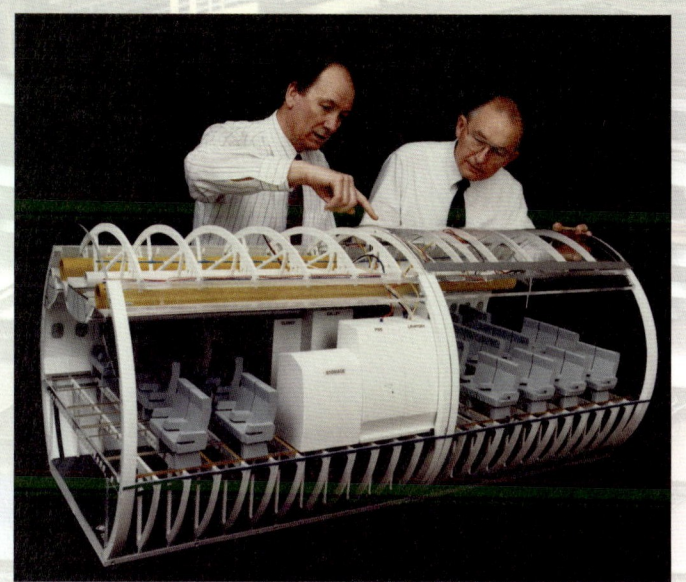

波音和聯合航空的技術人員在討論客艙的配置。777採行稱為「協同作業」的開發方式，邀請啟動客戶的航空公司一起參與開發作業。其後，新機型的開發作業也沿襲這種方式。

距。為了順應市場的趨勢，必須填補這個空缺才行。因此，波音提出了把767的機身加長的767-X方案，開始進行市場調查。結果發現航空公司對於767這種半廣體機型並不歡迎，市場要求的是像747和DC-10這類全尺寸的廣體機，於是波音下定決心著手開發真正的大型機。而「協同作業」就是淺顯易懂地表明要分散大型機開發風險的標語。

「協同作業」在波音公司內部及參與計畫的合作企業全面展開。首先，為了正確了解雙發廣體機市場的需求，並將其反映在新型機上，邀請航空公司客戶也加入一起研議基本規格。波音邀請了他們認為最重要的聯合航空、達美航空、美國航空、日本航空、全日本空輸、國泰航空、澳洲航空、英國航空等8家航空公司，召開了好幾次合作會議。1990年春季討論出767-X的基本規格，具有和747同等的機身寬度，配備325座左右的座位數。隨後，聯合航空於同年10月確定採購34架成為啟動客戶，於是777邁入正式開發的階段。

關於設計作業和機體製造，波音同樣向各國企業召募合作伙伴，日本也決定參加這項從767接續下來的計畫。由於具有767的經驗，日本分攤的工作占比從767的15%，增加到777的21%，一共有三菱重工、川崎重工、富士重工、日本飛行機、新明和工業等5家企業參加。在開發期間中，隨時有約250名各家公司的技術人員派駐埃弗里特工廠，在波音從事設計作業。

每家公司各有分工，三菱重工負責機身後段、尾段、出入口門扇等；川崎重工負責機身前段、中段及其下部構造、貨艙門等；富士重工負責主翼、翼根導流罩等；日本飛行機負責機翼內肋拱（in-spar ribs）；新明和工業負責翼根導流罩後部。不過，各家公司在藉由各自負責部分的設計作業參與777開發的同時，也體驗學習到波音一流的開發專業和設計哲學，把這些收穫帶回日本在國內展開。就這點而言，777開發可說是日本航空工業界的重大資產。而且，各家公司負責的部分是在日本國內生產，這也促成現在的日本航空工業界能夠取得波音Tier1（一級供應商）的地位。

營運開始前便取得ETOPS-180
剛上市就能夠投入長程航線

成為777系列基礎的最初機型是777-200和增程型777-200ER。兩個機型都是全長63.73公尺，全寬60.93公尺，發動機可以從普惠（Pratt & Whitney）的PW4000、奇異的GE90、勞斯萊斯（Rolls-Royce）的Trent 800這3個系列中挑選。每種都是高出力高旁通比的發動機，尤其GE90系列是為了777而開發，到現在仍然是史上最強最大的發動

在天空開啟新篇章的777

機而廣為人知。

777是為了填補767和747之間的空缺而開發的機體，而且波音也期待它能作為747經典型的後繼機。由於767的機身不受好評，因此改用和747同等的直徑6.20公尺正圓形截面，客艙可以實現雙走道的橫向一排9座式配置（最大10座），貨艙能夠並排裝載LD-3貨櫃。

新設計的主翼為一部分使用複合材料的輕量化金屬構造，採用超臨界翼型（supercritical airfoil）能以0.84馬赫的速度巡航。沒有設置小翼，但全寬60.93公尺，比747經典型更大。由於這樣的寬度會在機場的停機空間方面遇到問題，當初曾經研議主翼採用摺疊式翼尖的構造作為標準型式，但因受到航空公司的反對，於是改為選配，不過沒有任何航空公司選用。

777是波音第一架採用線傳飛控（FBW，fly-by-wire）操縱系統的客機，但並非裝配空巴式的側桿，而是傳統的控制桿。此外，緊急時的控制也設計成機師的操作能夠凌駕電腦的指令，從這裡可以看出波音和空巴設計理念的差異。駕駛艙方面，採用最近才開發出來而廣受用戶好評的747-400玻璃駕駛艙為基本架構，6部全彩顯示器全都是液晶式，輸入方法採用觸控面板式的游標，以求達到省電、省空間及輕量化。就777的數位化而言，最重要的或許是：777是第一架使用電腦輔助設計工具CAD（CATIA）以虛擬方法設計出來的客機。

777-200的最大起飛重量為229500公斤，航程為7350公里，可選擇提高到247200公斤及9695公里。長程型777-200ER的最大起飛重量為263090公斤，

1994年4月9日首次展示的777-200一號機。機體側面排列著小小的初期下單的航空公司尾翼標誌，其中也包括日本的ANA、JAL、JAS。

航程為11000公里，同樣可選擇提高到288900公斤及13500公里。乘客數則兩者相同，都是3級艙等，305座。

777-200在1994年4月9日首次展示，6月12日首次飛行成功，1995年6月7日由啟動客戶聯合航空投入華盛頓～倫敦間橫越大西洋的航線開始商業營運。這個機體的發動機採用PW4084。在這裡，有一件很重要的事，就是777-200憑藉著開發階段的測試數據，在開始營運前就取得了世界第一個ETOPS-180的許可。也就是說777-200在接收後，就能立刻投入長程航線執飛。777-200登場後，使得航空公司不再需要空巴A340之類的大型四發機，到最後導致大型四發機提早退役。後續的777-200ER在1996年10月17日首次飛行成功，1997年2月7日起由英國航空開始商業營運。發動機採用GE90-77B。

陸續登場的衍生機型
鞏固主力機的寶座

777在發表的同時就成為銷售冠軍，因此一開始投入商業營運，就可以在全

為了慶祝完成ANA訂購的一號機，在埃弗里特工廠舉辦七夕祭典。日期是「平成7年7月7日」。另外，在日本首次投入營運時，特地把尾翼加上「777」機型名稱的特別塗裝。

世界看到它的身影。日本也很早就引進，藉由「協同作業」參與開發的日本航空和全日本空輸自是不在話下，就連日本佳速航空也在1996年年底引進777-200，塗上鮮豔的彩虹圖案亮相。

銷售長紅的777立刻開發了機身加長的版本。首先，在777-200剛啟航沒過多久的1995年6月，就著手開發機身加長型的777-300，把機身朝主翼前後拉長10.13公尺，並且進行多項改裝作業，包括增設緊急出口、追加機身後段下部的尾橇（tail skid）、裝配地面滑行用的攝影系統等等，打造出全長拉長到73.9公尺，座位數最大可達550座，足可與747經典型匹敵的大型機。航程即使是標準規格，也可達到11140公里，凌駕於747經典型之上。777-300在1997年10月16日完成首次飛行，1998年5月起由國泰航空開始投入營運。

接著，在2000年2月決定著手開發長程型的777-200LR和777-300ER。以777-200及777-300為基礎，首先開發777-300ER。這兩個長程型的主翼決定採用已經在767-400ER上使用成果良好的斜削式翼尖（raked wingtip），以求減輕主翼的阻力，兩個機型的全寬都進一步拉長到64.8公尺。機身全長和各自的基礎

機型777-200及777-300相同。不過，藉由增設油箱和修改主翼而提升性能，使得777-200LR的航程拉長到17372公里，777-300ER也拉長到14686公里，兩者皆得到長程續航能力。777-200LR曙稱為「全球班機」（Worldliner），在空巴的A350-900ULR上市之前，一直以世界最長的航程自豪。

此外，777-300ER是初期的777系列之中，銷售成績最好的777家族代表性機型。受到2001年多件恐攻事件的影響，777-200LR的開發被迫中斷而大幅延遲，但777-300ER的開發則依照計畫順利進行，於2002年11月14日首次展示，2003年5月起由法國航空率先投入營運。另一方面，777-200LR也在2005年3月8日完成首次飛行，2007年2月27日交付巴基斯坦國際航空。

777不僅在客機領域取得巨大成果，在貨機領域也大有斬獲。2005年5月獲得法國航空下訂5架而著手開發的貨機型777F，是在長程型777-200LR上裝配777-300ER的油箱和強化型裝卸裝置所組合而成的機型。最大起飛重量為347800公斤，酬載量為103700公斤，航程為9204公里。2008年7月14日完成首次飛行，從法國航空開始，連同聯邦快遞等公司，一共有將近250架在營運，成為貨機的銷售冠軍。

採納新技術的777次世代機型因開發不順而延遲交付

對於自1994年一上市就持續穩坐業界王座的777，波音從2009年起就引進了性能提升套件PIP（performance improvement package），利用最新技術把

初期機型一再地改造翻新，以求初期777機型的現代化而能維持競爭力。但是，由於空巴針對波音發表的新世代機型787，推出極具自信的A350XWB上市應戰，終於迫使波音發表777的新世代機型777X。

2013年6月A350-900完成首次飛行，同月波音在巴黎航空展發表777X與之抗衡。這個先進的機型不僅繼承了777的強項，並且大膽納入787的技術和專業知識，具有777-9和777-8兩種版本。兩個版本共通的主翼依照787的技術回饋，採行全複合材料製造的新設計，採用斜削式翼尖的全寬為71.8公尺，非常地長。因此，這次的主翼是以摺疊式翼尖的構造作為標準配備。

發動機也是兩個機型共通，只採用GE專為777X開發的這款GE9X-105B1A。風扇直徑3.4公尺，是現在全世界最大的發動機風扇。這種旁通比高達10：1的高出力發動機，與兄弟機型GE90系列並列為世界最高等級的出力，但燃油效能也比以往提升了10％。

機身採用以往的設計為基礎，直徑也同樣是6.2公尺，但777-9把機身加長到76.8公尺，所以超越747-8和A380，成為世界最長的巨型客機；若是2級艙等，座位數為426座，航程為13936公里。另一方面，777-8的全長稍微短一點，只有69.79公尺；若是2級艙等，座位數為384座，航程為16094公里，很接近777-200LR。777X的高性能及龐大的運輸能力當然也使經濟性更加提升，與777-300ER相比，應該可以把座位里程單位成本（CASM，cost per available seat mile）降低13％。

雖然777X無論在尺寸、性能、經濟性等各個方面都位於現在的最高水準，但是，對航空公司來說相當重要的價格，則比競爭對手稍微高一些。以公布的標價來做比較，777-9是4億2580萬美元，強敵A350-1000則是3億6600萬美元，相差一大截。關於這一點，航空公司的看法如何呢？

777X在剛發表沒多久，啟動客戶漢莎航空就確定下單34架，在不久之後的杜拜航空展中，又獲得以中東航空為主的總共259架訂單，因而正式著手開發，並且預定2019年中期能夠開始投入營運。後來計畫延遲，777-9直到2020年1月25日才終於完成首次飛行，卻又受到737MAX的重大事故，以及和首飛同時期爆發的新冠肺炎疫情影響，導致其後的開發作業更加延誤。目前是預定要到2025年中期才能交付第一架，但2024年突然發生737MAX9的內嵌式艙門（door plug）掉落的事故，不可否認可能會對未來的進程有所影響。或許是因為這一連串事件，使得波音這幾年感覺受到空巴的壓制。因此，波音希望能盡快推出777X，以求早日擺脫這個令人不愉快的氣氛。

長機身、長程型777-300ER登場，777全力發揮它的潛力，就連在長程國際航線也占據了主力機的寶座。即使是在日本成田機場這個傳統的四發機及三發機大本營，777的身影也越來越顯眼了。

飛機構型　Aircraft configurations

■ **傳統但巨大**

777的基本形狀可以說是把767放大的傳統型式。因此，ANA在引進之初，曾經訴求這是把尾翼「ANA」標誌變更為「777」的新型機。不過，以機體規模來說，比較像是把747的上層艙拿掉後的型式。

■ **細部解說**

波音777的機械結構

相片與文＝
阿施光南

大型雙發廣體機波音777，除了標準型的777-200、機身加長型的777-300之外，
增程型的200ER／300ER／200LR也陸續登場，
因此即使在長程航線上，也逐漸扮演起主力機的角色。
雖然777和近年來使用大量複合材料的新型機不同，機身構造等部分仍然使用傳統的金屬製造，
但卻是波音第一次引進線傳飛控操縱系統的客機，滿載著各種革新性的技術，
並且裝配有世界最大級的高出力發動機，因而實現了超越雙發機常識的表現。

■ 新的鋁合金

777在埃弗里特工廠製造。機體材料幾乎都採用鋁合金，不過，飛機一旦大型化，必然會導致重量過大、推力不足（平方立方定律），因此特地開發新的鋁合金給777使用，以求減輕重量。

■ 正圓形截面

777是波音第一架採用正圓形截面（直徑6.2公尺）機身的客機。機首部分的線條、駕駛艙的窗戶、雷達罩都和767共通，但是從正面看去，可以看出機身的粗細、截面差異（767寬度為5.03公尺、高度5.41公尺）。

開發概念
逼近747的運輸能力和進化的操縱系統

777是為了填補767和747之間空缺所打造的400座級客機，而且從國內航線到國際航線的廣泛航線都能應對。例如，日本的國內航線也有使用747，但這在全球來說是個特例。現在採購747短程機型的航空公司，只有JAL和ANA而已。投入這種航線的客機，大多是雙發的A300及三發的DC-10、三星式等等，而波音並沒有針對其後繼需求的客機。

外觀是非常傳統的雙發機，看起來只是把767放大而已。原因在於從雷達罩到駕駛艙窗戶的機首部分採用和767共通的設計。不過，就規模而言，倒是比較接近把747拿掉上層艙的概念。雖然機身直徑比747稍微小一點，但同樣可以配置橫向一排10座（當然，每個座位的寬度比較窄）。長機身型的777-300，最大座位數超過500座。以兩具發動機而言能實現如此龐大的機體，可以說是777的最大特徵。

雙發機為了防備發動機故障的情況，必須做到只靠剩下的一具發動機也能起飛。如此強力的發動機是777能否實現的大前提，但即使推力足夠，也還有不易控制機體的問題。強力的發動機安裝在離機體中心線較遠的位置，而且故障的發動機會產生巨大的空氣阻力。在這種情況下，會造成機體嚴重地失去平

機身周邊　Fuselage

■ 兩種機身長度

777-300（遠側）的機身比777-200（近側）長10.2公尺，並且在主翼上方追加緊急出口，最大座位數從440座增加到550座。順帶一提，最大的550座和上層艙較短的747-100、747-200相同。

■ 緊急出口

緊急出口全部採用大型的A型，緊急逃生用的滑梯也是雙滑道（可供兩名乘客併排滑下）。左右兩側的艙門都是往前方開啟（亦即從機內看去，開啟的方向不同）。設有窗戶可供確認機外景物。

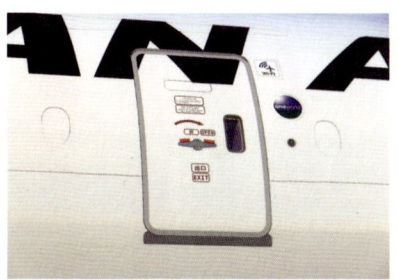

■ 機首部分形狀

777的機首部分和767幾乎相同。光看機首部分很難分辨，但可從機首周邊的探測器配置尋找線索。看似黑色圓形的東西，上方為AOA（攻角）小翼片，下方為TAT（全氣溫）計，更下方為皮托管（pitot）。767的皮托管則安裝在較高的位置。

■ 翼根導流罩

機身和主翼連結處（翼根）的導流罩不僅用於減低空氣阻力，內部還安裝了乘客空調套件（passenger air conditioning kit），用來調整把客艙加壓的空氣壓力及溫度。四方形進氣口是用於冷卻因壓縮而升至高溫的空氣。

衡，因此777裝配了TAC（thrust asymmetry compensation，推力不對稱補償），能夠感知推力不平衡而自動修正飛機的姿勢。此外，波音也為此特地在777的操縱系統中，首次引進利用電腦的線傳飛控方式。

機身
第一架採用正圓形截面的波音客機

如果把DC-10（三星式也幾乎相同）的中央發動機拆掉的話，看起來非常像標準型的777-200。DC-10的全長為55.55公尺（10型），777-200的全長為63.73公尺，稍微長一些。但機身寬度為6.02公尺對6.20公尺，相差不多。如果是以DC-10的後繼需求為目標的話，不須修改機場停機坪就能夠使用的機型比較好，機體規模差距不大也比較理想。

不過，DC-10-10的最大座位數還不到400座，而777-200則可以設定到最多

波音777的機械結構

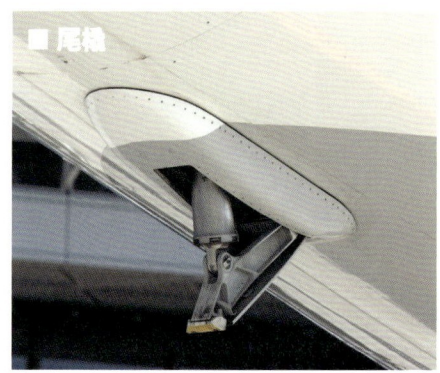

■ 尾橇

777-300的機身較長,所以加裝尾橇,以防在拉起機首起飛或降落時機尾碰撞磨擦地面。不過,尾橇及其安裝部位並不具有支撐機身的強度,因此,如果機尾有磨擦到地面,之後必須進行結構檢查。

■ 機腹貨艙

■ 機尾形狀

機身後端呈扁平的形狀,左側設有APU(auxiliary power unit,輔助動力裝置)的排氣口。這是和767機身逐漸變細成圓錐形的差異之一,不過或許基於某種更有利的原因,787和737MAX採用接近767的圓錐形。777X則仍維持扁平的形狀。

機腹貨艙可裝載44個貨櫃,比747機腹貨艙能裝載的數量還多。此外,機身後段由於變窄以至於無法裝載貨櫃,所以作為散裝貨艙使用,光是這個部分就能夠裝載4公噸的貨物。

440座,更能符應日益增加的航空需求。這是因為777沒有裝配中央發動機,所以直到機身後方都能有效運用,以及機身兩側各有4個地方安裝大型的A型緊急出口的緣故(DC-10為3個A型＋1個稍小的I型)。

此外,777是波音第一架採取正圓形截面機身的客機。客機必須對機艙內加壓,在結構上採用正圓形截面最有效率,而且能達到輕量化。不過,正圓形截面很不方便放置物件。同樣採用正圓形截面的A330,客艙在乘客的肩膀附近會逐漸變窄,產生輕微的壓迫感。其他客機大多採用大大小小的圓組合而成的截面,以便確保客艙和機腹貨艙兩邊的空間。但是,777的直徑比較大,即使採用正圓形截面,也能確保客艙和機腹貨艙兩邊都有適當的空間。

天花板裡頭有很大的空間,長程型客機可以利用這個地方設置機組員休息室等設施。A330的天花板內沒有充裕的空間,所以是在客艙下方設置貨櫃型機組員休息室。不過,這麼一來,能夠搭載的貨物量就會減少了。

另外,長機身型777-300的全長為73.9公尺,在A340-600登場之前,是超越

機翼　Wings

■ **主翼**　相對於777-200、777-200ER、777-300，777-300ER、777-200LR的重量增加了，所以把機翼拉長。形狀也採用斜削式翼尖，以求減少阻力。最右邊的相片攝於工廠內部，可以清楚看到把舊翼尖切削並拉長的新翼尖。

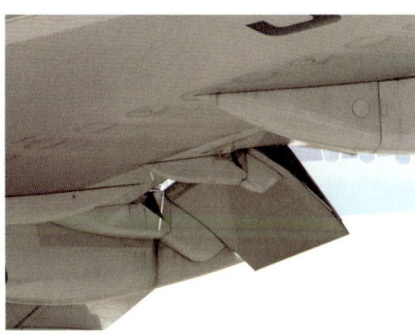

■ **襟翼和副翼**　正在進行大修的777-300ER主翼（左）。襟翼為內側採用雙縫式，外側採用單縫式。中間的副翼為了維修而拆掉了（左邊相片），採用和襟翼連動而下降的襟副翼。外側的副翼在高速時會鎖定在中立位置。

747-400的世界最長客機（現在仍是世界最長的雙發機）。

機翼和高升力裝置
重視經濟性的細長主翼

DC-10和777-200的尺寸最大差異在於翼展（wing span），DC-10（10型）為47.35公尺，777-200則為60.93公尺。這是因為若要搭載更多的乘客、飛行更遠的距離，就需要更多的燃料，導致機體更重，因此需要更大的主翼。除此之外，DC-10是在重視速度的時代所打造，和777重視經濟性並不相同，也是一個原因。比較細長（展弦比較大）的機翼，阻力比較小。

話雖如此，777並沒有犧牲高速性能。主翼的後掠角為31.6度，和767幾近相同，但特地開發了能做到高速巡航

且厚度較厚的翼型。較厚的機翼不僅在構造上能減輕重量，而且內部能裝載較多的燃料，對於長程型的開發也比較有利。順帶一提，在1990年代，747-400也好，A330／A340也好，MD-11也好，都流行在翼尖加裝小翼，但777卻沒有加裝小翼，就連長程型的777-300ER也是採用把翼尖斜斜朝後方拉長的斜削式翼尖。把這種翼型進一步以平滑的曲線連結在一起，便發展成787及777X的主翼。

問題在於如果翼展太大，有可能無法進入為了配合DC-10等機型而打造的機場停機坪。為了解決這個問題，波音提出把777的主翼摺疊起來的對策。現在開發中的777X也是把翼尖部分的3.5公尺摺起來，使翼展縮短成64.85公尺。不過，初期的摺疊翼是打算把主翼外側部分的6.25公尺摺起來，使翼展縮短成

■ 翼型
777採用能做到高速巡航,並且把厚度加厚的翼型。不僅在結構上比較有利,機翼內部油箱的容量也比較大。後緣部分的突出物為收納襟翼作動機件的導流罩,內側襟翼的動作機件則收納在機身內部。

■ 油箱
燃料從主翼下方的加油口施壓注入。油箱共3個,分別為左右兩邊的主油箱和中央油箱。777-200、777-300沒有在中央機翼設置油箱,但長程型的ER/LR則在中央機翼增設了油箱。

■ 垂直尾翼
垂直尾翼使用CFRP(碳纖維強化塑膠)作為主要構造材料。方向舵的一大特徵是裝有巨大的配平調整片(trim tab),萬一單側發動機停止運轉時,便能夠產生足夠的橫向升力,以防失去平衡。

■ 水平尾翼
尚未連結到機身上的水平尾翼。主要用於承受荷重的扭力盒(torque box)使用CFRP製造成左右一體的堅實構造。水平尾翼為了調整配平(trim),做成能夠變更裝設的角度,使前緣側能以後桁(升降舵連結部附近)為軸上下動作。

跟DC-10一樣的47.5公尺。實際上,沒有任何航空公司採用這個選項。

此外,777沒有採用像747的三縫襟翼這樣的複雜構造,而是採用雙縫襟翼以確保充足的起降性能,並且減輕重量、減省整備的工夫,並降低噪音。副翼和以往的波音客機相同,裝配在內側和外側的兩個位置,做成高速時外側的副翼固定在中立位置,內側的副翼則和襟翼連動,變成下降的襟副翼。

發動機
世界最強最大的高出力發動機

777是世界最大的雙發機,特地為其開發了世界最強的發動機。747更大更重,若要讓它飛行,需要更大的推力,但萬一有具發動機故障了,還有3具發動機可以分擔任務。可是,777萬一有具發動機故障了,就必須只能靠剩下的一具發動機飛行。因此,即使是初期的777發動機,也能產生約35公噸的推力,這約是747-400發動機的1.3倍,或者相當於日本航空自衛隊的F-15戰鬥機所裝配的F100發動機(使用後燃器時)的3倍左右,即使兩者的用途及要求性能截然不同。

777有第一代的777-200、777-300、777-200ER,第二代的777-300ER、777-200LR、第三代的777X。第一代可選用

發動機　Engine

■ **PW4000發動機**
777-200、777-300裝配的PW4000發動機。可以選擇3家公司的發動機,最後JAL和ANA都選了PW4000。不過,由於該型發動機有可能比預期更早發生疲勞破壞,所以在2021年停飛,這也促使JAL的777加速退役。

■ **GE90發動機**
777-300ER的唯一發動機GE90,迄今仍是史上最強的航空發動機之一,推力比後繼的GE9X還要大。發動機寬度為3.76公尺,和737的機身不相上下,CFRP製(前緣為鈦合金)的風扇直徑為3.3公尺。

■ **推力反向器**
使推力反向器(thrust reverser)作動的GE90。最近,從防止噪音等方面的觀點,很少利用逆噴射朝前方噴出強排氣,但只要抑制即使怠機時也會產生強大推力的發動機往後方排氣,就能有效地縮短降落滑行距離。

■ **輔助動力裝置**
裝載於機體後部的APU(輔助動力裝置)。能在主發動機停止時,供應電氣、油壓、空調。雖然是小型,但利用與噴射發動機相同的機械結構驅動,出力達到約900軸馬力,和7人座等級的直升機差不多。

普惠的PW4000、奇異的GE90或勞斯萊斯的Trent 800這3種發動機。每種都是以747等機型用過的發動機為基礎,裝配更大型的風扇而製成,直徑超過3公尺,幾乎與737的機身不相上下。

第二代的777需要更強力的發動機,但開發這麼強力的發動機必須耗費龐大的經費,由3家公司來競爭的風險太高,因此波音決定只裝配GE90的改良型(GE90-115B),但是把風扇的直徑更加大型化(從3.1公尺加大到3.3公尺),從而實現超過50公噸的推力。

此外,還把這個發動機進一步改良,開發了777X用的GE9X,但777X的最大起飛重量和777-300ER是同一等級,沒有必要增加更大的推力,反倒希望能提升燃油效能。因此,風扇直徑更增加到3.39公尺,而且旁通比達到10:1。

起落架

支撐龐大重量的單側6輪主起落架

747裝配了5支起落架(機鼻的前起落架1支、機身的中央起落架2支、機翼的主起落架2支),777則裝配了3支起落架(前起落架1支、主起落架2

波音777的機械結構

起落架　Landing gear

■ 主起落架

777-300ER（上）及其他777（下）的主起落架，畫面右手邊為機首方向。相片中的777-300ER安裝從腳柱朝前方機輪傾斜的油壓致動器，起飛時把油壓致動器收縮，藉此把後方機輪往下壓。

■ 半搖臂式構造

777-300ER起飛時，主起落架的半搖臂式構造會動作，到最後只有最後方的機輪支撐著機體。偶爾不是只有最後方的機輪著地，而是利用油壓的力量把機體往上推。

■ 主起落架的機械構造

從前方看到的777-300ER主起落架。可以很清楚地看到半搖臂式構造的油壓致動器。此外，777各個機型共通的機械構造之一，就是最後方的機輪會配合前起落架做左右轉向，從後方也可以看到這樣的機械構造。

■ 前起落架

前起落架為各個機型共通，但是重量較大的777-300ER前起落架強度特別高。因為前起落架不僅要支撐沉重的機體，在拖曳及後推時，會只靠連結在前起落架的拖桿力量來推拉機體，所以需要

支）。不過，如果起落架減少，對機場路面的荷重會增大，所以會依機場路面的強度在運用上受到限制。因此，777中每支主起落架的輪架（bogie）裝配了6個機輪，以求分散荷重。此外，747在地面轉彎時，最後面的中央起落架能和前起落架連動而朝左右轉向，但777主起落架的6個機輪之中，只有最

後2個機輪能轉向。

777的主翼下方裝配足以與737機身匹敵的大直徑發動機，因此起落架也必須加長。結果，造成客艙的地板面高度比747的主層艙還要高。此外，因為裝配了這麼長的起落架，所以讓機身也能夠大幅加長。

不過，第一代的777-300和第二代的

31

客艙內部　Interior

■ 商務艙（ANA「THE Room」）

繼廣受好評的平躺式座椅（staggered seat）之後，推出打破傳統商務艙常識的單人房型「THE Room」。除了寬敞和豪華之外，朝前的座椅和朝後的座椅交互排列的獨特配置也成為話題。

■ 頭等艙（ANA「THE Suite」）

從2019年開始引進的ANA的777-300ER新頭等艙「THE Suite」。設計成配備滑門的單人房型座位，採用大量能讓人感受到日本建築優點的木質調性隔板。大型個人用螢光幕也能呈現4K的效果。

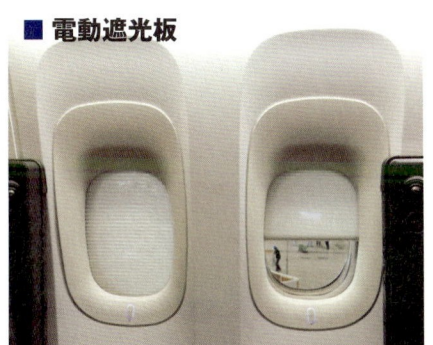

■ 電動遮光板

頭等艙和商務艙的窗戶都裝配電動遮光板。不只是為了提升乘客的便利性，也是為了在想要減弱機內照明時，可利用控制面板統一操作，空服員不必進入單人房型座位。

■ 豪華經濟艙（ANA）

豪華經濟艙座椅的配備基本上和同年啟航的A380相同，但配合客艙寬度而重新配置。座椅的椅套有許多種圖案，在保持統一感的同時，也展現出多樣化的意象。

■ 經濟艙（ANA）

經濟艙的座椅基本上也是和A380等機型相同。椅背的面板為明亮的灰色，上部裝配13.3吋觸控面板式個人螢幕，也裝配有萬用AC電源及USB電源等等。

777-300ER最大起飛重量相差很大。儘管777-300ER裝配有強力發動機，但起飛滑行距離變得太長，以至於能運用的機場受到限制。為了縮短起飛滑行距離，必須把機首大幅拉起以增加升力，但對機身較長的777-300ER來說，仍有其極限。因此，777-300ER採用半搖臂式主起落架（semi-levered main gear），當起飛時，機首一拉起，就只有最後方的機輪支撐機體，以求增加高度，使機首拉起的幅度能更大。

客艙
內裝也稱得上旗艦等級

旗艦機是航空公司服務的象徵。ANA把國際幹線的旗艦機從747-400更換到777-300ER之後，又引進滿載新技術的787和世界最大的A380，不斷追求各種新的舒適性。其中，從2019年起引

■ 緊急出口

■ 廚房

■ 廁所

從機內看到的緊急出口。如果把門路選擇器（door selector）設定在警戒位置，則打開艙門時，逃生滑梯會同時展開。逃生滑梯摺疊存放在艙門下方的大箱子裡。

777-300ER大多投入座位數多且飛行時間長的航線執飛，所以必須配備大型廚房以收納機上飲食等物品。為了提供更多樣化的服務，也裝配了微波爐等電器。

頭等艙和商務艙的廁所有安裝溫水洗淨便座。這原本是為了配合787而進行準備的設備，但因787的開發延遲了，所以777-300ER成了最早裝配的機型。

■ 777F的主貨艙

■ 777F的客席

777的機身比較寬敞，當作貨機也很適合，ANA就有引進777F。雖然最大裝載量比不上747F，但燃油效能卻高出一截，機師的證照還與客機型共通。當然，也和客機型一樣具有機腹貨艙。

777F雖然沒有載送乘客，但仍然設置了4個客座，以備有員工要出差或特別貨物（賽馬或美術品等等）的貨主要同機時使用。座椅接近以前的商務艙，但沒有娛樂設備，也禁止喝酒。

進的777-300ER新機，特地配備了更升一級的新客艙。

新的頭等艙「THE Suite」把居住性、機能性提升到最上限度，打造出能夠品味極度舒暢愜意的獨一無二空間。主導設計的是英國設計顧問公司敏銳設計（Acumen Design Associates），以及日本代表性建築師之一隈研吾，他也設計了ANA的機場貴賓室。配備滑門的單人房型座位，使用大量具有日式風格及日本建築優點的木質調性隔板。領先全球設置43吋大型個人用螢光幕，可呈現4K及全高清（FHD）畫質。

商務艙「THE Room」也是在ANA的同等級客艙中，第一次設計成配備滑門的單人房型空間，同樣是隈研吾和敏銳設計的傑作。整體設計令人聯想到日本傳統木造建築，座位寬度為全世界的商務艙最大級（最大部分為傳統座位的2倍左右）。個人用螢光幕可呈現4K及全高清畫質，尺寸比以往的頭等艙用螢光幕（23吋）還要大。

豪華經濟艙的座椅基本上和同樣在2019年投入營運的787-10及A380的規格

駕駛艙　Cockpit

■ **駕駛艙**　777的駕駛艙的基本配置和747-400大致相同。不同的地方在於，推力操縱桿有2支，並且在它的兩側追加了用於移動畫面游標的CCD（cursor control device，游標控制裝置）等等。細微的操作難易度和空間寬敞度也有進一步的改善。

相同，前後排座位的距離約97公分（38吋），寬度約49公分（19.3吋）。除了可調整6個方向的頭枕之外，也裝配有腿托、擱腳板（最前排座位除外）。此外，經濟艙的座椅規格也和787-10共通，但機身比787寬一些，所以從3-3-3的9座配置，改成3-4-3的10座配置。

駕駛艙與線傳飛控
除了機能面的進化也考量人體工學

777的駕駛艙和747-400十分相似，PFD（primary flight display，主飛行顯示器）、ND（navigational display，導航顯示器）、EICAS（engine-indicating and crew-alerting system，發動機顯示和機組員警告系統）等顯示器的尺寸（8×8吋）和配置也相同。不過，顯示器不是用CRT（cathode ray tube，陰極射線管），而是用LCD（liquid-crystal display，液晶顯示器），這是客機首次採用的創舉。747-400把下部EICAS的顯示器做成MFD（multi-function display，多功能顯示器），能把電子檢核清單等以往沒有的功能進行互動式操作。此外，不只是機能面，也充分考量到人體工學，例如「使咖啡杯架更好用」或「想要有更方便取用及放置夾式筆記板等物品的場所」之類的期待也都納入考量。還有，深獲機組員好評的是

波音777的機械結構

■ **駕駛盤**

從機師視線看到的機長座。波音是從777開始採用線傳飛控，但並不是像空巴那樣的新式操縱方法，而是以「能和傳統客機一樣操縱」為目標。其象徵就是駕駛盤，操舵力道也和傳統客機一樣。

■ **推力操縱桿**

和駕駛盤同樣具有777風格的推力操縱桿。空巴的推力操縱桿在利用自動節流閥（autothrottle，自動油門）飛行時幾乎是固定的，而777的推力操縱桿則會因應發動機的出力而移動，因此機師比較容易掌握它的狀態。

■ **主顯示器**

8吋見方的正方形顯示器（左邊為PFD，右邊為ND）。這是客機首次不用CRT，而是採用LCD。現在並不會覺得驚奇，但是當時一般用的LCD，視野角度的寬廣、殘像等方面的性能並不如CRT，而777的LCD鮮明度可說是劃時代的。

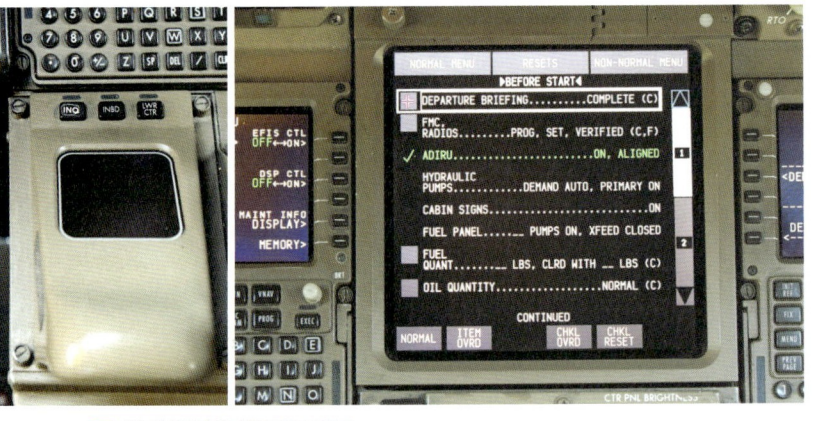

■ **多功能顯示器和CCD**

把以往的下部EICAS做成MFD，可以進行電子檢核清單等的互動式操作。此外，新增了稱為CCD的裝置，用於移動畫面上的游標，可以像筆記型電腦的觸控板一樣滑動手指進行操作。

■ **頂置面板**

頂置面板的前方設置有外部燈具及雨刷的開關，後方則設置與飛行途中不太需要操作的系統（基本上採行自動控制）有關的開關。

寬敞度，比起因為位在狹窄上層艙的前端而顯得侷促的747-400，空間可謂相當充裕。

不過，777的駕駛艙最大的特徵，應該是波音的客機首次採用的線傳飛控系統吧！在線傳飛控系統中，機師的操作是對電腦下達指令，至於為了執行這個操作，應該把哪個舵做什麼樣的動作，則是由電腦來判斷。因此，空巴毅然採用側桿的新操縱方式，但波音卻重視能夠像非線傳飛控的傳統飛機一樣操縱。和空巴的客機一樣，波音的客機也配備了用於防止異常姿勢及失速的保護系統，但隨著接近界限，會採取增加操舵力道等措施，並且把相關的訊息傳送給機師。如果機師無視這個訊息而繼續強行操作的話，也有可能進入失速的狀態，但這樣做的目的並非要進入失速或異常姿勢的狀態，而是為了當電腦用於感知機體狀態的感測器發生故障等狀況時，能夠藉由機師的操作加以克服。

A☆50/Akira Igarashi

從中程機往長程機的飛躍
波音777
衍生機型全面解說

在曾經由四發機和三發機稱霸的長程國際航線上，雙發機開啟了新時代。
就這個意義來說，波音777扮演了革命性的角色。
無論多遠或多近的航線距離，都派遣雙發機執飛，這對現在的民航業界來說已經是常識了。
但即使是帶來變革的777，在問世之初也不是作為長程客機使用。
777藉由高度的性能和可靠度受到肯定，對雙發機避不開海上飛行的長程航線營運規定上獲得放寬。
後來又以航程延長為著眼點，陸續增加了許多衍生機型。

文=久保真人

波音777

終結747的大型雙發機

波音777是在波音747席捲中長程航線的1989年初，著手研議開發的大型雙發機。當時波音打造了120～180座級的新世代737、200座級的757、230～290座級的767、450座級的747等機型，建立了涵括區域性客機以上的強力產品線，藉此奪得絕大的市場占有率。但是，介於767-300和747-400之間的350～400座級，是由三發廣體機DC-10和L-1011霸占市場，成為波音唯一的弱點。到了1980年代後半，麥道開始開發MD-11，由於A320獲得成功而急速成長的空巴，也開始開發A330及A340，從而占據這個波音的空白地帶市場。

波音希望能夠填補這個空缺，於是從1989年初開發新的機型，這就是後來的大型雙發機777。現在，又增加了機身加長型和長程型等衍生機型，發展成取代747的大型長程機，作為全球的主要航線主角，正在持續營運中。

777 規格

	777-200	777-200ER	777-300	777-300ER	777-200LR
全寬	60.93m	←	←	64.80m	←
全長	63.73m	←	73.86m	←	63.73m
全高	18.50m	←	←	←	18.60m
機翼面積	427.80㎡	←	←	436.80㎡	←
發動機型式 (推力)*	PW4077 (35,017kg) / GE90-B5 (34,654kg) / Trent 877 (33,974kg)	PW4090 (41,050kg) / GE90-B4 (38,419kg) / Trent 884 (38,238kg)	PW4098 (44,452kg) / Trent 890 (40,823kg)	GE90-115BL (52,299kg)	GE90-110BL (49,895kg)
最大起飛重量**	229,500～247,210kg	263,080～293,390kg	263,080～299,370kg	351,535kg	347,452kg
最大降落重量**	200,050～201,800kg	204,080～206,350kg	237,680kg	251,290kg	223,168kg
空重**	190,470kg	195,000kg	224,530kg	237,683kg	209,106kg
最大燃油容量	117,300L	171,000L	169,210L	181,283L	—
最大巡航速度	M0.84	←	←	←	←
航程**	9,700km	13,080km	11,165km	13,649km	15,843km
最大座位數(2級艙等)	375	←	451	339	279
首航年度	1995	1997	1998	2004	2006

	777F	777-300ER(SF)	777-9	777-8	777-8F
全寬	64.80m	←	71.75m(64.85m)***	←	←
全長	63.73m	73.86m	76.72m	70.86m	←
全高	18.60m	←	19.68m	19.48m	19.51m
機翼面積	436.80㎡	←	516.7㎡	←	←
發動機型式 (推力)*	GE90-110BL1 (49,895kg)	GE90-115BL (52,299kg)	GE9X	←	←
最大起飛重量**	347,885kg	351,535kg	351,500kg	←	365,100kg
最大降落重量**	260,816kg	251,290kg	N/A	←	←
空重**	248,115kg	237,683kg	N/A	←	←
最大燃油容量	181,283L	←	197,360L	←	←
最大巡航速度	M0.84	←	N/A	←	←
航程**	9,200km	8,610km	13,500km	16,190km	8,170km
最大座位數(2級艙等)	—	—	426	395	—
首航年度	2009	—	—	—	—

*代表性的發動機型式　　**最後生產機型　　***( )為主翼摺疊時

777-200
以中程航線為目標的基本機型

777-200

Tokio Sato

波音在1989年初開始研議350～400座級的大型雙發機計畫，以填補767-300及747-400之間的空缺。當初曾經進行把767大型化的衍生型767-X當作基礎研究，繼續向航空公司提案，但是航空公司期望的是超越767衍生型，更大的機型。依據這樣的結果，波音轉而開發具備新的機身及主翼的新型機。機身的直徑是與747匹敵的6.2公尺（747為6.5公尺），單一艙等的高密度配置最大座位數可達440座，翼展比767長10公尺以上，比傳統型747長1.3公尺左右，達到世界最大的雙發機規格。

波音從767-X計畫的階段起，就和767一樣，採取與日本的航空產業共同開發的方式，由日本的航空業者大約分攤整體開發、生產工程的20%。具體而言，從1號門和2號門的中間到後方機身的大部分、中央機翼、翼根導流罩、主翼內肋拱等等是以川崎重工業、三菱重工業、富士重工業（現在的SUBARU）為核心，進行開發以及製造。

對於這個新型雙發大型機，聯合航空於1990年10月15日下單確定採購34架、選擇權34架，因此在同年10月29日啟動。並且在這個時候，正式命名為777。接著於同年12月19日，ANA下單確定採購18架、選擇權7架。自1991年以降，英國航空、泰國國際航空、烏拉爾航空、JAL、國泰航空、阿聯酋航空、中國南方航空等公司相繼下單。1993年3月24日，JAS決定把747-400的訂單改為777，日本的3家大航空公司自此都引進了777。

777的開發第一次嘗試採取「協同作業」，邀請航空公司客戶也參與機體的開發。傳統客機也會在開發階段聽取下單客戶的意見，但777則是邀請航空公司的技術人員長期派駐埃弗里特工廠參與開發作業。參加的成員包括啟動客戶聯合航空、ANA、英國航空、JAL、國泰航空等5家公司，對機體規格、裝配品、纜線類的配線、手冊、資料庫的製作等方面進行提案。

例如，777的翼展比747大上許多，為了避免受到機場停機坪限制，採用把主翼尖端部分摺疊起來的結構。但是，ANA考慮到這可能會有增加重量等問題，建議不要把主翼的摺疊結構列為標準規格，而是列為選配，這個意見後來獲得採納。此外，在ANA的提案之中，有輕量且耐久的輻射層輪胎（radial tire）標準化、整備用艙門安裝到客艙地板等等，總共230件以上納入設計中。JAL也有編製維修及機

師用的手冊、提供JAL自行開發的故障資料庫系統、改善駕駛艙儀表的顯示格式、制訂前起落架的停機煞車燈的規格等多項貢獻。

雖然眾人把目光聚焦在777的機體尺寸上，但還有一點值得提出，就是波音客機的飛行操縱系統第一次採用線傳飛控（FBW）的方式。以客機來說，空巴已經在A320採用了線傳飛控，使用側桿取代傳統的駕駛盤成為線傳飛控的象徵。但是777仍然沿用和傳統一樣的駕駛盤，並以人工方式重現和傳統客機一樣的操作感。這也顯示出波音的想法是：最後由人類（機師）來下達判斷。

駕駛艙的儀表盤和767不同，沿襲已經使用在747-400的設計，主要配置2部主飛行顯示器（PFD）、2部導航顯示器（ND）、發動機顯示和機組員警告系統（EICAS）、多功能顯示器（MFD）這6部顯示裝置。不過，顯示裝置從陰極射線管（CRT）進化到液晶顯示器（LCD）。

發動機最後採用選擇制，可挑選74500～77200lbf級的普惠PW4074或PW4077、奇異的GE90-B3或GE90-B5、勞斯萊斯的Trent 875或Trent 877。

最初開發的777-200稱為A市場型，最大起飛重量為229500公斤、航程為7270公里，增重型則是最大起飛重量為242630公斤、航程為8860公里的中程機型。此外，在767逐漸累積績效的ETOPS，在777方面，則因為在取得型號認證之前，機體和發動機都已經做過充分的測試飛行，可靠度獲得肯定，所以在交付航空公司的階段就取得了美國聯邦航空總署（FAA）的180分鐘ETOPS許可。

777-200的一號機（裝配PW4000）在1994年4月9日首次展示，6月12日首次飛行，1995年9月19日同時取得FAA和JAA（歐洲聯合航空署）的型號認證（裝配GE90的機型於1995年11月9日取得、裝配Trent 800的機型於1996年4月6日取得）。1995年5月15日交付聯合航空，同年6月7日投入華盛頓特區杜勒斯（Dulles）～倫敦希斯洛（Heathrow）航線首次執飛。

繼聯合航空之後下單採購777的ANA，於1995年10月4日接收一號機JA8197（LN＝Line Number16），11月1日飛抵羽田機場，首次執飛是在同年12月23日投入羽田～伊丹航線。日本接著是JAL於1996年2月15日接收一號機JA8981（LN23），首次執飛是在1996年4月26日投入羽田～鹿兒島航線。接著，JAS於1996年12月4日接收一號機JA8977（LN45），1997年4月1日投入羽田～福岡航線首次執飛。日本3家航空公司引進的777-200，ANA有16架、JAL有8架、JAS有7架，總共31架。ANA投入國內航線及東南亞航線，JAL和JAS都投入國內航線。

計算截至2007年5月為止，777-200一共生產了88架。最後一架是裝配PW4000發動機，交付JAL的JA773J（LN635）。

777-200ER
也投入太平洋航線執飛的長程規格機

波音777從開發之初就計畫生產長程型及加長型。首先，以777-200中程航線用的A市場型為基礎，著手開發增加重量的B市場型。這個B市場型起初稱為777-200IGW（increased gross weight），但是在開發途中和767同樣更改為777-200ER（extended range）。

777-200ER的最大起飛重量為263080～293930公斤，比A市場型更大。裝載燃料量增加到171000公升，藉此把航程拉長到11600～13359公里。

發動機起初準備了84000lbf級的PW4084、GE90-B4、Trent 884這3種型式。後來也可選用90000lbf級的PW4090、GE90-94B、Trent 895。

777-200ER於1996年10月7日首次飛行，1997年1月17日取得FAA和JAA的型號認證。第一架交付英國航空的機體裝配GE90-94B發動機，於同年2月9日投入倫敦希斯洛～波士頓航線首次執飛。

777的航程拉長之後，依據180分鐘ETOPS，飛航範圍可以跨出大西洋航線之外，於是美國大陸航空將其投入紐華克（Newark）～成田航線，首度執飛太平洋航線。2000年，777取得207分鐘ETOPS的許可，聯合航空、美國航空、達美航空這3家北美的航空公司，紛紛把DC-10、MD-11、初期型747改換成777作為太平洋航線的主力開始營運。2001年3月15日，美國大陸航空將其投入直接連結香港及紐華克——當時最長的直達航線，以13000公里的飛行距離、15小時30分鐘的飛行時間，驗證其卓越的續航性能。

日本方面首先是ANA於1999年11月接收了裝配PW4090的777-200ER一號機JA707A（LN247），投入東南亞航線，次年5月19日投入成田～芝加哥航線，成為日本第一家使用雙發機執飛太平洋航線的航空公司。接著，JAL於2002年8月1日引進777-200ER的一號機JA701J（LN410）投入成田～北京航線，2003年8月1日投入成田～倫敦航線，成為日本第一家使用雙發機執飛歐洲航線的航空公司。最後，ANA含國內航線規格機在內總共引進12架777-200ER，JAL則引進11架國際航線規格機。

截至2013年7月為止，777-200ER總共生產了422架，最後一架裝配PW4090發動機，交付韓亞航空的HL8284（LN1117）。

777-300
作為傳統型747的後繼機的加長型

波音在1995年6月舉辦的巴黎航空展中，宣布了777-200加長型的777-300開發計畫。之後，ANA、國泰航空、大韓航空、泰國國際航空這4家亞洲的航空公司決定引進，國泰航空成為啟動客戶。ANA於同年9月12日確定採購5架，JAL於同年10月31日確定採購5架。

777-300以777-200的B市場型為基礎，機身往主翼前方拉長5.3公尺、往主翼後方拉長4.8公尺，全長達到73.8公尺，超過當時客機全長最長——747的70.7公尺。由於機身加長，因此在機身左右兩側的主翼上方分別增設1個A型緊急出口。3級艙等的座位數為368～394座，2級艙等為451～479座，單一艙等最多可達550座。此外，777-300機腹貨艙的容量也大幅增加，最多可以裝載44個LD-3貨櫃，而777-200只能裝載32個，客機型747則為30個。

由於機身加長，起飛時尾部下面可能會碰觸跑道，為了減輕碰觸時造成的損害，特地加裝尾橇。此外，由於主起落架和前起落架的軸距變長（777-200為25.9公尺，777-300為31.2公尺），所以額外再裝配了GMCS（ground maneuver camera system，地面機動攝影系統）。這個系統可以把設置在水平尾翼前緣的小型攝影機所拍攝的主起落架影像，以及設置在機身下方的小型攝影機所拍攝的前起落架影像，顯映在駕駛艙的MD及MFD等顯示器上，以便飛機在地面的狹窄滑行道等處行駛時，輔助機師的操縱。

777-300雖然是單層艙，卻具有媲美雙層艙747的旅客運載量，貨物裝載量也大幅增加，並且燃料消耗比747減少大約30％，整備成本也降低約40％。儘管如此，卻擁有與747初期型匹敵的航程，因此備受期待能夠取代已經使用多年的初期型747。事實上，ANA和JAL都決定引進777-300作為即將進入汰換期的747SR後繼機型。

發動機可從90000lbf級的PW4090、GE90-90B、Trent 890中選擇（裝配GE90的機型沒有獲得訂單）。第一架裝配Trent 890的機體（LN94）於1997年10月16日進行首次飛行，1998年5月4日取得FAA和JAA的型號認證，5月22日交付國泰航空，5月27日投入香港～台北航線首次執飛。

日本方面，首先ANA的一號機JA751A（LN142）於1998年7月9日投入羽田～廣島航線首次執飛。接著，JAL的一號機JA8941（LN152）於同年8月8日投入羽田～鹿兒島航線開始營運。ANA的國內航線專用機是2級艙等477座、JAL則是2級艙等470座。引進時的普通座為3-3-3的橫向9座式

配置，後來增加座位改為3-4-3的橫向10座式配置，使得ANA的客機最多可達524座，JAL則可達500座。ANA和JAL都各自引進7架。

日本的航空公司引進777-300都是作為短程的國內航線專用機，不過，國泰航空、新加坡航空、泰國國際航空則主要投入亞洲區的高需求中程航線。大韓航空更是除了中程航線之外，善用它與777-200ER並駕齊驅的續航性能，也投入首爾～成田～洛杉磯航線。

777-300於2006年7月停止生產，總共生產了60架。最後一架是裝配Trent 892發動機，交付國泰航空的B-HNQ（LN567）。引進777-300的只有亞洲、中東的航空公司，是777家族當中唯一沒有歐美航空公司下單採購的機型。

777-300ER
成為長程國際航線主力的熱銷機型

波音在777計畫的初期階段，原本打算開發和747SP同樣把777-200的機身縮短5.3公尺的超長程型777-100X。但是，747SP這種短機身型的座位里程單位成本並不理想，所以轉而開發777-200和777-300的長程型。2000年2月29日，波音著手開發也可稱為第二代777的衍生型777-200LR和-300ER。

JAL於2000年3月31日下單777-300ER，確定採購8架，選擇權2架，因而成為啟動客戶。JAL看上其續航性能、經濟性、與747匹敵的容量，決定引進替換即將退役的747-100及747-200B。

777-300ER沿襲777-300的機體和系統，但強化了機身、機翼及前起落架，以便因應增加的重量。由於主翼拉長，使得翼展比777-200、777-300長4.5公尺，達到64.8公尺。延長部分的翼尖做成767-400ER所採用的斜削式翼尖，以求改善空氣動力學效應。

為了提升起飛性能，不僅強化主起落架、變更煞車和機輪，並且採用半搖臂式起落架。這種構造使飛機在起飛時，不是整組主起落架同時離地，而是前面的機輪先離地，只留最後的機輪直到最後才離地，這和加長主起落架使機尾和跑道之間留下更多空間的效果相同。除此之外，更裝配了輔助電子式尾橇，避免起飛時尾部下面碰觸跑道。

777-300ER

為了拉長航程，必須增加燃料量，因此在中央機翼內部增設油箱，使裝載的燃料量比777-300多12073公升，達到181283公升。最大起飛重量增加到351535公斤，超過採用增重選配的777-300的299370公斤。航程也因此拉長到13649公里。現在生產的機型更超過747-400，航程增至14686公里。

若要增加最大起飛重量，就必須有推力比以往777更大的發動機。但777-300ER和777-200LR不再採取以往從3家公司挑選一款的方式，改成只採用GE90。777-300ER使用渦輪風扇發動機當中出力最高的GE90-115B（115540lbf級）。

除此之外，為了有效運用天花板內部空間，前方可設置駕駛艙人員用的休息室，後方可設置客艙人員用的休息室。

777-300ER的一號機於2003年11月14日首次展示，2003年2月24日首次飛行。測試飛行所使用的機體為LN423和LN429這2架，2004年3月16日取得FAA和EASA（接續JAA的歐洲航空安全機構）的型號認證。完成測試飛行的2架機體分別於2004年6月及7月交付JAL，LN423的註冊編號為JA732J、LN429的註冊編號為JA731J。

第一架交付的機體是法國航空的F-GSQB（LN478），於2004年5月10日投入巴黎～紐約航線首次執飛。

日本方面，首先是JAL引進測試飛行所用的2架機體，於2004年7月1日投入成田～新加坡航線首次執飛。2005年10月30日取代747-400投入成田～倫敦航線和法蘭克福航線，開始執飛長程航線。繼JAL之後，ANA也在2004年9月接收一號機JL731A（LN488），於11月15日投入成田～上海航線首次執飛。2005年5月開始執飛成田～紐約這條長程航線。JAL共引進13架、ANA共引進28架，主要投入歐美航線。

截至2023年底為止，777-300ER一共生產了832架，是777家族的熱銷機型，至今仍在持續生產。

777-200LR
以世界最長航程自豪的超長程機

波音在開發777-300ER的同時，也開發以777-200ER為基礎的長程型777-200LR。雖然當初預定開發作業先從777-300ER著手，再接著開發777-200LR（longer range），但2001年9月11日發生了美國恐攻事件，給全球的民航業界蒙上一層陰影，導致航空需求頓時停滯。因此，開發作業在2003年初中斷，一號機的首次展示延後到2005年2月15日。

777-200LR裝配和777-300ER相同的主翼，並且強化了機體和主翼構造。採用新設計的主起落架、煞車，機輪也相同，因此可以說是777-300ER的

機身縮短型吧！不過因為機身比較短，所以沒有裝配777-300ER擁有的輔助電子式尾橇。發動機也和777-300ER一樣，只能使用GE90這一款，裝配110500lbf級的GE90-110B。

裝載的燃料量比777-200ER的171000公升多，和777-300ER一樣都是181283公升。而且，如果選擇在機腹貨艙後部增設油箱，可再增加到202570公升。藉此，最大起飛重量增加到347452公斤，標準型的航程為15843公里。如果選擇增設油箱，則可達到17370公里，勝過當時航程最長的A340-500的16670公里，成為世界航程最長的客機。

第一家下單採購777-200LR的航空公司是巴基斯坦國際航空，2005年3月8日首次飛行。測試飛行是在2005年11月10日，從香港出發經過太平洋、北美大陸、大西洋，最後抵達倫敦，總共花了22小時42分鐘。飛行距離21602公里（飛行時間22小時42分鐘），創下客機最長飛行距離的金氏世界紀錄。

777-200LR於2006年2月2日取得FAA和EASA的型號認證，2006年2月27日交付巴基斯坦國際航空。其後，以阿聯酋航空、阿提哈德航空、卡達航空等中東的航空公司為主，北美的加拿大航空、達美航空、印度航空、衣索匹亞航空等航空公司相繼引進。除此之外，也生產VIP特別規格機。阿聯酋航空於2016年2月使用777-200LR開設杜拜～巴拿馬航線（13800公里、飛行時間17小時35分鐘），這條世界最長的航線轟動一時。

截至2023年底為止，777-200LR一共生產了61架，但日本的航空公司都沒有引進。

777F
世界最大的雙發貨機

波音在生產最大酬載50公噸級的767-300F和130公噸級的747-8F這些純貨機的同時，也提供把737、767、747-400等客機依循官方專案改裝成貨機的BCF（Boeing Converted Freighter，波音改裝貨機）。填補767及747之間空缺的80～100公噸級貨機，原本是採用從麥道轉過來的MD-11，但那已經結束生產了。因此，為了滿足100公噸級的新貨機需求，著手開發以777-200LR為基礎的新型貨機。

法國航空下單採購5架這種新型貨機，因此在2005年5月24日正式啟動開發作業，命名為777F。機體規格和777-200LR相同，發動機則裝配和777-200LR同系列的GE90-110B1。機身左舷主翼後部的主層艙設置寬3.73公尺×高3.05公尺的大型貨艙門，除了強化主層艙的地面，並且裝配導軌和PDU（power drive unit，動力驅動裝置）。還做了許多變更，例如把L1/R1

以外的艙門和客艙用的窗戶全部去除。主層艙最多可裝載27個PMP/PMC棧板（2.43公尺×3.17公尺），機腹貨艙前方最多可裝載18個LD-3貨櫃、後方最多可裝載14個。最大酬載為103.9公噸。

還有，777-200LR可選擇在機腹後方貨艙增設油箱，777F則以裝載貨物為優先考量，所以沒有設定增設油箱。最大起飛重量為347885公斤，航程在最大酬載時為9200公里，可做到直飛成田～洛杉磯。

一號機於2008年5月21日首次展示，7月14日首次飛行。2009年2月6日取得FAA和EASA的型號認證，交付法國航空，於2月22日首次執飛。777F能夠滿足已經老化的747F和MD-11F的汰換需求，因此獲得FedEx、漢莎貨運、大韓航空、阿聯酋航空等許多航空公司的訂單。

而日本方面，ANA於2018年3月23日宣布引進2架，一號機JA771F（LN1582）於2019年5月24日飛抵羽田機場，2019年7月2日投入成田～關西～上海航線首次執飛，10月29日投入成田～芝加哥航線。

截至2023年底，777F一共生產了265架。

777-300ERSF
瞄準新的大型貨機市場的客改貨機

波音為了填補767F和747F之間的空缺，開發了777F加入產品線，但是在747-8F結束生產後，變得無法符應747-400F及747-400BCF的汰換需求。波音預定把正在進行開發的777-8F加入貨機產品線，但是在新型貨機開始交付之前，漸漸無法應付大型貨機的需求。因此，開始研議把777-300ER改裝成貨機的專案計畫。

777-300ER的客改貨機作業和BCF專案不一樣，由從事飛機租賃業務的GECAS（GE Capital Aviation Services，奇異電氣資本航空服務）和實施747-400、767-300、737NG客改貨機作業的IAI（Israel Aerospace Industries，以色列航太工業）聯手進行。改裝後的機體命名為777-300ERSF（SF為special freighter的簡稱），也被暱稱為「BIG Twin」。

改裝專案在GECAS下單採購15架（及選擇權15架）之後，於2019年10月啟動。第一架改裝機是2005年3月交付阿聯酋航空的A6-EBB（LN508），2020年6月由IAI開始進行改裝作業。改裝工期4～5個月，改裝費用為3500萬美元左右。

主要的改裝作業包括在主層艙左舷主翼後方設置3.72公尺×3.05公尺的大型貨艙門、強化機身和主層艙的地板、設置PDU、設置可耐受9G的貨物護欄，並且撤除L1/R1以外的艙門、

封住客艙窗戶等等。駕駛艙後方設置廚房、廁所、機組員休息室，貨物護欄前方設置2組商務艙規格的雙人座，也可選擇設置經濟艙規格的座位9＋2座。

主層艙最多可裝載42個PMP/PMC棧板，包括和客機時代相同的機腹貨艙在內，最大酬載達到101.6公噸。發動機及油箱容量和客機時代相同，在最大酬載情況下的航程為8300公里。

777-300ERSF的一號機於2023年3月24日首次飛行，並開始進行測試飛行，以求取得FAA和CAAI（Civil Aviation Authority of Israel，以色列民航局）的型號認證。這架一號機（N778CK）後來交付美國的卡利塔航空。

由於777-300ERSF可因應747-400F及747-400BCF的後繼需求，已經獲得60架以上的訂單。

777-8/-9/-8F
更多、更遠……開發中的第三代777

波音在進入2010年代之後，開始研議開發新世代機型777X。這個衍生型是把開發787得到的新技術導入既有的777，並且以實現更高的經濟性為目標。新的衍生型有2個，第一個是把777-300ER的機身加長到能以2級艙等設置400座以上的777-9，第二個是將機身縮短以作為777-200LR後繼機的超長程型777-8，都是從2013年5月正式著手開發。

777X計畫首先從大型的777-9X著手開發。機身是把777-300ER往主翼的前後拉長，並且把水平尾翼加大，全長達到76.72公尺，比777-300ER的73.86公尺還要長2.86公尺。機身直徑和以往的777相同，但是把客艙的窗戶加大。

新設計的主翼採用CFRP（碳纖維強化塑膠）製造，全寬達到71.75公尺。這比747-8的64.4公尺更長，已經超過ICAO對航空器尺寸的規定中，以747為對象的「E類」，所以預備了在開發

777-200時曾經研議的主翼摺疊構造方案。把主翼摺疊起來時，全寬縮短為64.85公尺，如此一來，747能夠停放的停機坪都可以使用。

駕駛艙更新為787的樣式，配置4個大型LCD，左右兩邊的駕駛座裝配HUD（head-up display，抬頭顯示器）。發動機裝配為了777X而開發的105000lbf級GE9X。裝載燃料量為197360公升，比777-300ER多。最大起飛重量為351500公斤，航程為13500公里。GE9X的燃料消耗量比GE90改善了不少，因此營運成本可以削減10%。

2013年9月漢莎航空下單採購34架777-9X，於是在同年11月舉辦的杜拜航空展之中推出777-9及777-8。

777-9原本的目標是在2019年底首航，但首次展示從當初預定的2018年中，延後到2019年3月13日。以往的首展典禮都會邀請媒體參加，辦得有聲有色，但這次在首展的3天前，發生了衣索匹亞航空的新銳客機737-8墜機事件，所以只有公司內部的相關人員參加。

由於GE9X的問題，以及2019年9月進行最後荷重測試時，發生客艙門破損必須加以改善等因素，延到2020年1月25日才完成首次飛行。原本希望2021年能夠取得型號認證，但因為新冠疫情的影響導致需求低迷，再加上取得型號認證要花上一段時間，於是在2023年之前暫停製造，並宣布首次交付將延後到2025年。

777-8是把777-9的機身縮短成全長70.86公尺，航程16190公里的超長程客機。原本預定在777-9的兩年後開始開發，但由於737-8接連發生兩次墜機事件而停止營運，以及777-9的開發進度延遲等因素，預想一號機的生產將會大幅延遲。

儘管777-8的製造尚在未定之天，但是波音應卡達航空的要求，於2022年1月31日決定開發777-8的貨機型777-8F，並宣布希望在2027年進行首次交付。777-8F是因應747-400F及747-400BCF汰換需求的貨機，最大酬載為110公噸。

截至2023年底為止，777-9和777-8F獲得了300架以上的訂單。日本方面，ANA於2014年3月27日宣布，引進20架777-9作為777-300ER的後繼機型。引進的日期因為開發延遲，有可能延到2025年之後。後來，又在2022年7月11日宣布，把其中2架改成777-8F，將從2028年度之後開始引進。

在千歲基地進行訓練的政府專機。在沒有任務的平日，會以千歲基地為據點進行機組員的訓練，也可以看到進行觸地重飛的場景。

從747-400到777-300ER的世代交替
第二代「國家旗艦機」
日本政府專機 B-777

代表國家的航空公司稱為「國家航空公司」或「國旗航空公司」，以載送皇室或首相等重要人士為主要任務的政府專機，也可說是代表國家的飛機吧！從1990年代開始，所謂的「日本的國家旗艦機」一直是由747-400（B-747）擔任，但是從2019年起，則改由777-300ER（B-777）正式承接這個角色。政府專機有可能必須載送眾多政府人員及媒體人士，要求具備一定的運輸能力。除了之外，也需要極高的航程，以便因應有時需要前往地球另一側的訪問行程。政府專機有許多地方和一般的客機共通，但另一方面，鑒於安全考量，機內也有一部分沒有公開。現在，就讓我們來一探究竟吧！

文＝芳岡 淳

2019年3月24日的機型交接典禮當天拍攝的第一代政府專機（B-747，近側），和第二代政府專機（B-777，遠側）。由航空自衛隊負責運用。

選定777-300ER作為老舊第一代政府專機的後繼機

　　現在日本的政府專機是使用777系列中，屬於長程長機身型的777-300ER。第一代政府專機是使用1992年引進的747-400，引進迄今超過20年的歲月，已經逐漸老化。而且，原先委託維修工作的日本航空後來發生經營問題，在重建的過程中，將747-400完全退役，所以2019年之後就再也無法處理維修作業。在諸多背景因素的影響下，開始挑選後繼機型。

　　後繼機的候選者，除了實際上選定的777-300ER之外，原本還有787系列及A350系列，但是787的容量不足以承接747-400的任務，A350系列又有對美關係的外交考量，格外受到重視，因此後來都被摒除在候選者的行列之外。如果考慮到777系列的未來性，選擇開發中的新世代型777X系列是比較理想，但其無法在2019年之前實用化，來不及趕上後繼機的需求。因此，最後選定777-300ER作為下一代的政府專機。

　　2014年8月正式決定777-300ER作為後繼機，一號機（機體編號80-1111）於2016年7月26日首次飛行，2號機（80-1112）於2016年12月20日首次飛行。在波音的工廠製造機體的時候，並未施作客艙的內裝工程。這項內裝工程委託位於法國的巴塞爾-米盧斯-弗萊堡歐洲機場（Aéroport de Bâle-Mulhouse-Fribourg）的噴射航空（Jet Aviation）負責，這家公司曾為多架VIP機實施整備及內裝工程而聞名全球。80-1111於2016年10月12日運到巴塞爾，2018年8月完成改裝工程，8月17日飛抵日本千歲基地。80-1112於2017年4月7日運到巴塞爾，2018年12月完成改裝工程，12月11日飛抵日本千歲基地，比80-1111晚了大約4個月。

　　千歲基地有一段短暫的期間，可以

現在777-300ER的機體塗裝也採用了新的設計。停放在遠側的前代747-400採用直線的設計，777-300ER則改成在機身繪上曲線的設計。

基本的機體規格和一般的777-300ER相同，特有的斜削式翼尖和巨大的GE90-115BL發動機非常顯眼。兩片主翼的下面都塗上了「日之丸」。

777-300ER裝配的GE90-115BL發動機。在開發當時是世界最大的渦輪風扇發動機，具有定格推力511kN的強大力量。雖然是雙發機，但能夠執行超長程飛行，燃油效能也相當優異，所以777-300ER受到全世界大航空公司的青睞。

看到第一代政府專機747-400和第二代政府專機777-300ER並排停放的場景，讓人實際感受到世代交替的氣氛。到2019年3月底之前，主任務機仍為747-400，已經接收的777-300ER則持續進行訓練。第一次國外飛航是在2018年11月3日至5日期間，飛往澳洲雪梨，後來又飛往新加坡、南非、阿拉伯聯合大公國、瑞典、美國、瑞士等國進行飛航訓練，一步步為著投入任務做好扎實的準備。

2019年3月24日在千歲基地舉行機型交接典禮，正式成為政府專機。第一次官方任務是在2019年4月22日至29日期間，載送當時的首相安倍晉三等重要人士前往歐洲、美國、加拿大等地訪問。

主要機體規格與民航機相同
納入流行元素的塗裝彩繪圖案

777-300ER被選為日本的第二代政府專機，也被世界各國的大航空公司作為長程航線的主力機使用。如果考慮到777-300ER本身就是為了因應747-400（前代日本政府專機）的後繼需求而開發，那麼選定這個機型作為政府

行政專機第一代747-400和第二代777-300ER的尾翼對齊並排著。尾翼的設計沿用象徵日本政府專機的「日之丸」。機體編號也塗在尾翼上，這兩架777-300ER的編號為80-1111、80-1112。

【上】駕駛艙的規格基本上也和普通的777-300ER相同。雖然一部分裝配了政府專機特有的設備，但細節並不清楚。【右】777-300ER可以讓機長和副機長執行雙人駕駛，但政府專機在飛行時，駕駛座後方還會坐著向駕駛人員提出建議的導航人員。

在重要人士外訪時
發揮威力
能夠直飛前往
世界各地的高航程

專機，可以說是極為妥當的選擇。777-300ER的首次飛行是在2003年，開發已超過20年，但至今仍是熱銷機型，不斷有許多新機上市。

以雙機體制運作的政府專機，基本規格和普通的777-300ER相同，裝配2具以非常強大的推力自豪的奇異製造GE90-115BL發動機。雖然是雙發機，但卻具有14000公里的航程，能夠從日本直飛美國東海岸，這也是選定777-300ER的主要原因之一。

機體的塗裝是由前代的747-400變化而來。747-400的設計以直線為特色，777-300ER的塗裝則採用近年來航空界流行的曲線。2015年4月28日對外發表以日本國旗為主題的塗裝後，由於和

客艙內部配備能夠舉行會議的空間。設置有2張會議桌，但是在必要時，也可以用會議桌中間的隔板隔開。

設置有影印機等事務機器的事務工作室。以往的747-400也有相同的隔間。

客艙前方為非公開的貴賓室 一般區為「準ANA規格」

747-400的設計迥然不同而引起熱議。

此外，747-400的駕駛艙在天花板有設置艙門，於外訪等實務航行之際，起飛前和降落後會從這個艙門升起日本國旗。但777-300ER沒有設置這個天花板艙門，所以改為打開駕駛艙的窗戶亮出國旗的方式。

機內前方的貴賓室不公開
一般區的座椅和ANA相同

以載送重要人士為主要任務的政府專機內裝，當然和一般客機的客艙規格有很大的不同。機體前方設有貴賓室，這個區域只有皇室及首相等相關人員才能進入，他人無法得知細節。設有會議室也是政府專機的特別之處，一共設置兩張會議桌，座位配置分別為1×1和2×2，必要時可用隔板隔開。

機體後方為隨行人員的座位區以及提供給媒體人員的一般座位區，隨行人員區有21個座位，一般區有85個座位。座椅採用與負責整備的ANA客機相同的產品。隨行人員區的座位採取1-2-1的交錯配置，裝配與商務艙同等級的平躺式座椅。一般區的座位採取2-4-2的配置，使用與豪華經濟艙同等級的座椅。根據公布的數據，全部可搭乘150人左右，此外，這次也安裝了第一代政府專機沒有的娛樂設備及機內Wi-Fi。

747-400是把L1/R1艙門前方的A區作為貴賓室使用，而777-300ER的L1/R1艙門前方是駕駛艙，因此可能是把L1/R1艙門和L2/R2艙門之間的區域作為貴賓室使用。上下飛機基本上是經由L2艙門。

隨行人員座位採用與ANA商務艙同等級的座椅。採取1-2-1的配置，總共有21個座位。光看這個場景，和民航機沒有什麼兩樣。

以千歲基地為據點
基本上以雙機執行任務

　　政府專機的飛航據點為北海道的千歲基地，平常停放在千歲基地。要執行由東京出發載送重要人士時，多半前一天就把2架專機由千歲基地運送到羽田機場，在羽田機場的VIP停機坪搭載重要人士，執行飛行任務。

　　任務基本上是以雙機體制進行運作，一架為任務主機，另一架為備用的副機。主機先出發，副機再跟上一起飛行。回國時，也是採取主機和副機的雙機體制，但是在接近日本的時候，如果主機沒有發生什麼異常的狀況，副機多半會直接飛回千歲基地。

　　偶爾會有皇室成員和政府人員同時需要出訪的情況，這時主機就會在沒有副機伴飛的情況下單獨飛行。例如，在747-400時代的2013年4月，當時的皇太子德仁親王（今德仁天皇）與皇太子妃要前往荷蘭參加威廉·亞歷山大國王的登基典禮，而在同一段時間，當時的首相安倍晉三要前往俄羅斯、沙烏地阿拉伯、阿拉伯聯合大公國訪問；同年6月，德仁親王要訪問

【上】媒體人員等人所搭乘的一般區，設置與ANA的豪華經濟艙同等級的座椅。採取2-4-2的配置，總共有85個座位。
【中】各個座位裝配了以往747-400所沒有的娛樂設備。除此之外，也備有機內Wi-Fi系統，引進了與現代客機相同水準的客艙設備。
【下】與一般的客機相同，會提供機上食物和飲料，因此也有完善的廚房設備。因為是由ANA負責整備和教育訓練，所以包括客艙設計在內，整體而言很有ANA的味道。

西班牙，而在同一段時間，首相安倍晉三要前往波蘭、英國、愛爾蘭等國訪問；當時兩架政府專機都是各自單獨執行飛行任務。雖然改換成777-300ER之後還沒有遇到這樣的情況，但難保未來不會發生。

　　在沒有任務的期間，會以千歲基地為據點進行各項訓練。除了飛航訓練之外，也會在千歲基地進行觸地重飛（touch and go）等緊急事態的應變訓練，以磨練機組員的技術能力。

The History of Flagship Twin Jet 02

當超大型機Ａ３８０陷入苦戰，空巴毅然決然開發

逆襲的王牌A350XWB

始終堅持軸輻式系統的空巴著手開發超大型四發機A380，
而在高速音速巡航機上遭受重大挫折的波音，
推出適合點對點系統的787夢幻客機，結果大獲好評。
空巴為了與其對抗，致力開發新型機，歷經幾番波折之後，終於推出了A350XWB。
空巴因為A380開發延遲及銷售不佳而陷入了困境，最後能夠大舉反攻的王牌就是A350XWB。

文＝內藤雷太　相片＝空中巴士

超大型機與高效率中型機 兩大廠商的戰略分歧

2024年現在最新的雙發廣體機是空巴的A350XWB。首次飛行是在2013年6月14日，至今已經超過10年了，但若扣除新冠肺炎疫情那幾年的話，從上市到現在只有短短幾年而已，不僅是目前最熱門的客機，也是未來銷售量可望更加大幅提升的明星機型。

然而A350XWB有件意外少為人知的事情，它並非原本命名為A350這個機型的機體。在可以說是空巴創業以來最大危機時進行開發的A350XWB，問世之前歷經多番波折，因此也讓空巴費盡心思、嘗盡苦頭。如果知道了這個背景，就會明白A350XWB上市後立刻被公認為明星客機的原因。

目前這個銷售節節高升的機型「A350XWB」，它的第一代沒有加上XWB，是純粹的「A350」。嚴格來說，應該把這兩個機型明確區分開來。但因第一代並沒有進展到實際開發的階段，所以已經被世人遺忘了。

話題回溯到2003年6月。在這一年的巴黎航空展中，有一項改變其後的民航界潮流的重大發表。波音傾全力開發的次世代雙發廣體機「787夢幻客機」（Boeing 787 Dreamliner）正式啟動了。波音在這之前，一直醉心於開發大型高速客機「音速巡航機」（sonic cruiser）這種極限的新世代客機，所以這次突然發生這麼重大的轉變，讓眾多航空公司莫不睜大眼睛，殷切期盼著如此先進又現實的787問世。

空巴預判民航界未來將逐漸轉移成軸輻式系統（hub and spoke）的市場，因此進行巨型機A380這種大規模的開發。而站在對立面的波音，在歷經一陣迷亂之後所得出的結論，全盤否定空巴，提出點對點系統（point-to-point）的市場意象，以及將會由中型雙發廣體機787，在這個市場居於領導地位。如今回想起來，波音的判斷是正確的，因為787獲得了全球航空公司壓倒性的支持。空巴對於787猝不及防的登場及市場帶來的巨大迴響，內心應該會感到懊惱不已吧！

新登場的夢幻客機787，和驅逐大型四發機A340而越來越暢銷的777，搭配

成為最強的組合。若要遏阻這個組合的氣勢，A330雖然優秀，但畢竟只是A300的後代，撐不起這麼沉重的擔子。儘管A380的開發作業已經過了兩年半而漸入佳境，但當時的空巴並沒有餘裕去建立787規模的新型機計畫。空巴苦惱後擠出來的方案，就是第一代A350的開發案。

空巴最初發表的A350-800想像圖。外觀和以往的A330十分相似而難以分辨，可以說是A330的新世代改良版，但沒有獲得客戶航空公司的支持，至今仍未進行開發。

第一代A350開發計畫
遭受客戶嚴厲評價而撤回

第一代A350方案是計畫以A330為基礎機型，投入最新技術並且用更低的成本，在短期間內開發出和787同等級的機體。把A330的機身加長以增加乘客數，並搭配新設計的主翼以及和787同等級的高燃油效能、高旁通比發動機，以求達到高經濟性的機體。這個A350的初期方案在787啟動的一年半後的2004年12月發表，空巴的最大客戶大型租賃公司ILFC（International Lease Finance Corporation，國際租賃財務公司）及GECAS、新加坡航空等業者表示有興趣。其後，卡達航空於2005年的巴黎航空展中，對這個A350的初期機型下單訂購60架，成為後來A350XWB的啟動客戶。

A350的初期方案在2005年10月啟動。最後，把A330的機身構造的框架設計做了全面性檢討，增加客艙容積，採用複合材料製造的主翼下方預定裝載勞斯萊斯的Trent 1700或奇異的GEnx發動機，藉此發展出超越A330的性能。但是，ILPC、GECAS、新加坡航空等空巴的重要客戶對此並不滿足。新加坡航空表示：「與其把工夫花在設計新的主翼、尾翼和駕駛艙上，不如全面檢討，開發一架全新的機體。」ILFC及HECAS更嚴厲地批評：「這只是一心想打敗787，逞一時之快而已，完全激不起興趣。」空巴碰了個大釘子，深怕會因為這樣反而讓787搶走客戶，於是把A350的初期方案完全捨棄，重新構想新機型。

然而在這之後不久，空巴陷入了創業以來最險惡的困境，不僅無法研究新型機，甚至面臨公司生死存亡的危機。2005年6月，已經完成首次飛行，看起來一切順利進行的A380，卻在生產一號機的時候，發現了眾人忽略掉的重大缺失，進度勢必會大幅延遲。從此事態逐漸陷入泥沼，雖然全公司努力解決問題，但仍然比原訂計畫延遲了18個月才交付啟動客戶新加坡航空，延期違約金估計超過7200億日圓以上，使得公司的經營狀況跌落到谷底。由於這個事件，導致管理階層的人事更替、發現高層主管的貪汙問題、經營不善造成大規模裁員等狀況，如果是一般企業恐怕已經破產了。最後，由法國總統和德國總理直接出手收拾這個局面。

但是，令人吃驚的是在這段最艱困的時期，空巴仍然持續全面檢討被認為已

55

由於A350初期方案未能獲得支持，空巴推出全新設計的機型A350XWB（近側），尺寸遠比A330（遠側）大得多。最後這件事幫助A350XWB登上旗艦機的地位。

經停擺的A350，並且在宣布A380製造大幅延遲的次月，2006年7月的范堡羅國際航空展（Farnborough International Airshow）中，大肆宣傳新世代高科技廣體機A350XWB（eXtra Wide Body）。而且，A350XWB的內容和以往截然不同，已經修改成和787同等級甚至更超越的完美新世代廣體機。

在如此艱難的危機中，是如何殘留這麼巨大的力量呢？歐洲企業的韌性真是令人震驚。空巴的堅韌性還有後話，事實上，被認為已經消失的A350初期方案，也改頭換面成為A330neo，扎扎實實地打造出暢銷的新世代飛機。對此，只能說聲佩服之至。

A350XWB廣受市場歡迎
有力客戶相繼下單

嶄新的A350XWB由基本型A350-900、長機身型A350-1000、短機身型A350-800共3個機型組成一個系列。預定2006年12月啟動，只要有航空公司下單，隨時都能開始。誠如其名，機身比以往的客機更寬，新設計的機身使用大量的CFRP等複合材料，新型主翼也是以複合材料為主，發動機只採用一款勞斯萊斯特別為其開發的高旁通比、高出力新型發動機Trent XWB。

業界對於787和777的強力對手出現，表現出極大歡迎，A350XWB一登場就開始陸續接獲訂單。原本對A350失望而轉向787的新加坡航空也回來送上大禮，才剛發表就下單採購20架A350-900。

2006年12月，A350XWB獲得空巴董事會的核可而啟動，訂單不斷增加，甚至在范堡羅國際航空展發表之後過了一年的巴黎航空展中，收到卡達航空的80架大訂單，使得當時的訂單數累積達到300架左右，展現與787上市時不分軒輊的高人氣。

當時正值各家航空公司因為A380一再延遲交付而開始取消訂單的時刻，因此業界都在緊盯著空巴的動向。由於A380的慘狀，導致空巴的經營惡化，民營化之後第一次出現赤字、母公司EADS的股價暴跌等等，對於A350XWB的開發來說，絕對不能說是良好的環境。但在這樣的狀況下，A350XWB一步一步地推動開發作業，在2007年的杜拜航空展中，還獲得不久之後成為A380最大營運公司的阿聯酋航空對A350-900和A350-1000下訂合計70架的大訂單，一時成為話題。2008年12月，A350XWB確定了細部規格，終於開始最初機型A350-900一號機的製造作業，並且預定2012年中期進行首次飛行。

捨棄傳統的正圓形截面
採用雙氣泡形構造

在這裡簡單介紹一下A350XWB的規格和特徵。當初，A350XWB家族是由短機身型A350-800、基本型A350-900、長機身型A350-1000共3個機型組成，後來A350-800因為銷售情況不佳而中止

開發作業。基本型A350-900的全長為66.8公尺，全寬為64.75公尺，全高為17.05公尺，最大起飛重量為283公噸，最大航程為15372公里，座位數為300～350座。

另一方面，長機身型A350-1000的全長為73.79公尺，比A350-900長7公尺，全寬相同，全高也幾乎相同，最大起飛重量為319公噸，最大航程為16112公里，座位數為350～410座。A350-1000為了因應增加的重量，主起落架的輪組從A350-900的二軸四輪改為三軸六輪。此外，主翼雖然翼展的尺寸也相同，但改變了翼尖的形狀，並增加了主翼尖的翼弦，以求達到空氣動力學的最佳化。

A350XWB整體而言有幾個共同的特徵。首先正如其名，機身與以往的空巴雙發廣體機完全不同，捨棄了以往慣用的A300正圓形截面傳統設計，改成新設計的雙氣泡形（double-bubble）截面。

上方的客艙部氣泡是半徑2.98公尺的圓弧形，機身寬度為5.96公尺，比以往寬敞了許多。這個尺寸和洛克希德三星式差不多，可供雙走道的客艙採用3-3-3的橫向一排9座式配置。另一方面，下方的氣泡則是半徑2.82公尺的圓弧形，寬度為5.64公尺。這個尺寸和傳統型相同，是可以讓LD-3貨櫃兩列並排的最小尺寸。

藉由這樣的雙氣泡形設計，把客艙空間最大化，並確保機腹貨艙的空間與傳統型式相同，一方面減少空氣阻力，一方面保留與傳統型在工作上的共同點，極力追求最大的效率。這個機身是把分割成4大片的CFRP製機身面板組裝在鋁鋰合金製桁梁、框架上而製成的半硬殼式（semi-monocoque）機身。

主翼為新設計的複合材料製造，具有31.9度的後掠角，巡航速度為0.85馬赫。襟翼等高升力裝置納入來自A380的回饋，下垂鉸鏈襟翼（dropped hinge flap）利用擾流板堵住主翼後緣與襟翼之間的縫隙，產生簡單的可變彎度機翼作用。這種設計可因應飛行狀態，隨時進行主翼的空氣動力學最佳化，以求提高燃油效能。

機體的空氣動力學設計也有許多來自A380的回饋。機首部分和在A380、A220、787等機型看到的駕駛艙部分並沒有多大的差異，都是重視空氣動力學的形狀。包括機身、主翼在內的全部構造有70%使用複合材料製造，金屬部分也大多使用鈦或鋁鋰合金等等，大幅減輕重量。此外，為配合最新的機體，在整備性及零件共通化等方面也採用最新的技術，大幅降低維修成本及運用成本。

發動機只採用一款勞斯萊斯的Trent XWB高旁通比渦輪風扇發動機，這是專為A350XWB開發的最新高經濟性高出力發動機。駕駛艙周邊及控制系統等採用擅長高科技機的空巴標準配備。這個部分也納入來自不久前才剛開發的A380回饋，不過在儀表方面，則採取6部大型觸控面板式LED的配置方式，大幅提升了資訊量和操作性（觸控面板從2019年開始採用）。

第一次下單空巴飛機
震驚業界的日本航空

A350-900獲得了來自A380這個前所未有的大型高科技機開發回饋，所以開發作業應該會一切順利才對吧！不料，在2011年6月的巴黎航空展中，空巴突然宣布由於細部設計變更等因素，計畫被迫延遲，首次飛行和開始營運的時間

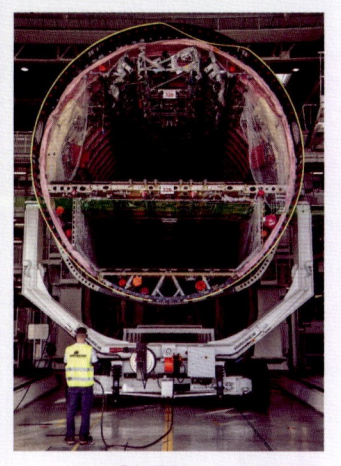

誠如「超廣體」這個特殊的名稱所示，A350XWB的機身比A330更寬，並且捨棄空巴傳統的正圓形截面，改成雙氣泡形構造，相當引人注目。

波音利用雙發機777發起攻勢，而空巴原本對雙發機在長程航線上擴大營運一事表示否定立場，但因為四發機的銷售不振，這才把A350XWB定位為長程機的主力產品。

都延後6個月到2012年底和2013年底。接在A350-900後面的A350-800和A350-1000也同樣跟著延遲。在這之後，又宣布兩次A350-900的開發延遲，在2012年7月的最後一次宣布中，A350-900的首次飛行訂在2013年中期，營運日期則預定延後到2014年中期。

延遲的原因不只一端，例如從初期A350轉移到A350XWB的作業中，一再變更設計、供應鏈無法配合，以及在英國工廠組裝的主翼在製造過程中，工作機械的軟體發生問題等等。

一再宣布交期延遲的這段期間，A350XWB的訂單立刻受到影響，曾經因A380的問題而陷入麻煩的阿聯酋航空，把70架的訂單暫時全部取消。歷經如此曲折的過程之後，2013年5月13日首次展示的一號機A350-900/MSN001（F-WXWB）終於在次月的6月14日完成期盼已久的首次飛行，比計畫晚了一年。

市場是誠實的，A350XWB於2013年的訂單急速地往上跳升。而同年，競爭對手787因為電池起火的問題而全面停飛，這也對A350XWB產生了有利的影響吧！這一年，日本航空也在進行全日本都在關注的波音或空巴的大型機選擇。除了從JAS承接過來的A300之外，這是日本航空第一次選用空巴的飛機，訂購了18架A350-900、13架A350-1000，總共31架，這筆大訂單讓全日本大感意外。

在獲得日本航空這筆大訂單的時候，空巴為了取得EASA和FAA的型號認證（T/C），安排了周詳的計畫，有5架測試飛行用的飛機全部升空，以龐大的陣容執行各自所負責的測試飛行項目。

要取得這個T/C，是新型民航機開發中最後也是最大的難關。許多客機的開發作業因為在這個階段處置不當、準備不周而延誤，一再地繼續進行測試飛行，甚至以失敗收場。但是，先前已經開發過許多先進客機的空巴果然經驗老到，根據推算，取得T/C所需的測試時間為2500個小時，而空巴僅以稍微超過這個時間的2593個小時就完成了。原本預設的2500個小時應該是取得T/C所需的最短時間，而像A350WXB這種技術密集的機體，竟然能以最短時間完成T/C的測試，這是一般機體廠商做不到的事情。

2014年9月30日取得EASA的T/C，在稍後的11月14日也順利取得FAA的T/C。完成所有開發作業的A350-900在2014年12日22日交付啟動客戶卡達航空，並在開年的2015年1月15日投入杜哈～法蘭克福航線，開始執行大陸間的商業營運，這也是A350XWB的首場實戰。

此外，A350-900在取得FAA的T/C之前的10月15日，獲得EASA超過180分鐘的ETOPS許可，其中甚至包括有條件的ETOPS-370，真是世界第一壯舉。A350-900在條件齊全的情況下，可以從南美洲直接飛到印度，這對航空公司來說，是個可讓開拓航線的可能性大大增

加的優點。此外，在2016年5月，也獲得了FAA對相同內容的ETOPS許可。

新冠肺炎疫情告一段落
備受期待的訂單增加

在主力機型A350-900問世之後，接著A350-1000也依照預訂的計畫完成了。空巴趁這個時機宣布銷售不振的A350-800停止開發作業，著手整頓A350XWB家族。對於已經訂購這個機型的航空公司，空巴提議改成高一級的A350-900或A330neo，更明確地提出與波音777/787的對比。

接在A350-900、A350-1000之後，A350-900的超長程型A350-900ULR（ultra long range）登場。A350-900ULR憑藉著最大起飛重量的提升、追加裝載燃料、主翼的空氣動力學最佳化、翼尖的形狀變更等努力，把航程提升到17965公里如此長的航程，可做20個小時的飛行，是當時全世界航程最長的機型。新加坡航空下單訂購7架成為啟動客戶，2018年10月開始投入新加坡樟宜～紐約紐華克的超長程直飛航線從事定期營運。在此之前，是使用A340-500的世界最久19個小時進行飛行。

A350-900ULR的下一個機型是已經在開發中的貨機型A350F。這是從以前就預定開發的機型，2021年正式啟動，北美的大租賃業者航空租賃（Air Lease Corporation）已經下單訂購7架成為啟動客戶。接著，營運A350XWB大機隊的新加坡航空也訂購7架；阿提哈德航空也提出了訂購7架的備忘錄。雖然是以A350-1000為基礎機型，酬載比777F多10%，與747-8F不相上下，但預定2026年才會交付，所以實際情況如何，現在還很難下定論。

由於A350XWB是當今最熱門的機型，現在新冠肺炎疫情漸趨穩定，所以各國的航空公司重新開始對A350XWB下單，使得它的訂購量不斷上升。以全世界的航空展為舞台而展開的777X及787，和A350XWB市場競爭的戰況十分激烈，證明各個機型都是難分勝負的傑出產品。根據2023年底的資料，A350XWB家族整體的訂購數超過1200架，已經交付完成的機體也達到700架左右，空巴這幾年的飛機總出貨量超越波音成為業界翹楚。而它的原動力，就來自A350XWB。

現在營運A350XWB機隊的代表性航空公司，有63架的新加坡航空、58架的卡達航空、49架的國泰航空、30架的中國國際航空、28架的達美航空等等，但是2023年底的積壓待配訂單還有621架，所以未來一定會再增加。

日本方面，日本航空的A350-900從2019年中期開始陸續投入營運，在2023年底終於抵達日本的A350-1000，更是近來最熱門的話題。日本人能像這樣在鄰近機場近距離看到最新最尖端的客機，想想實在很奢侈。在下個假日前往鄰近的機場，欣賞一下A350XWB的英姿，應該很有意思吧！

A380結束生產之後，A350-1000就成了空巴最大的客機。為了爭奪長程國際航線旗艦機的寶座，未來應該還是會繼續與777系列展開激烈的纏鬥。

飛機構型　Aircraft configurations

■ 匹敵777及787的機體大小

JAL投入國內航線的A350-900，機體尺寸與787-9、787-10及777-200不相上下，而投入國際航線的A350-1000機身較長，足可與777-300ER匹敵。短機身型的A350-800因為開發A330neo而中止，但目前正在開發貨機。

▎細部解說
空巴A350的
機械結構

相片與文＝
阿施光南

A380因為銷售低迷不振而中止製造之後，A350XWB就成為空巴現在最大的客機。
像JAL這樣把A350作為旗艦機的航空公司越來越多，
對空巴而言，也可以說A350已經成為該公司的旗艦機。
而且，A350不只在空巴的雙發機中具有最大的機體尺寸，
也是大量使用複合材料等最尖端科技隨處可見的新世代飛機。
在問世之後也沒有發生重大的技術問題，是一架可靠度也獲得高度評價的客機。

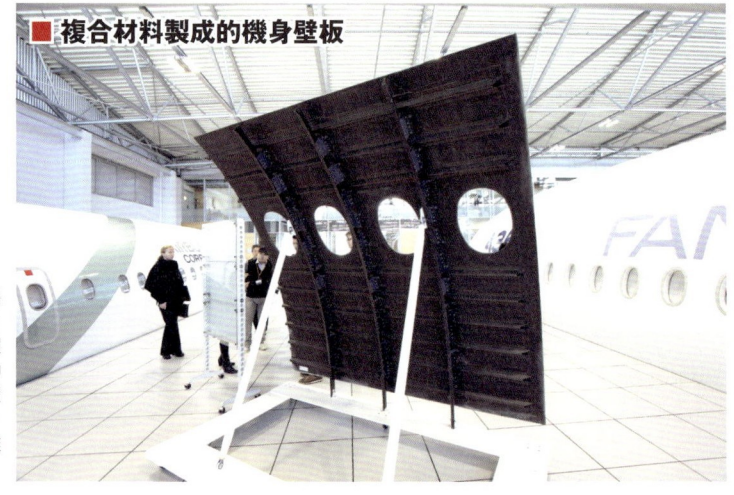

■ 使用複合材料製造的機體

正在德國漢堡工廠製造的機身。在這裡安裝內部的配管及電線等，並且裝配隔熱材等等，修整到半成品的狀態。然後以專用運輸機 超級大白鯨（BelugaXL）運送到法國圖盧茲的最後組裝廠。

■ 複合材料製成的機身壁板

放在圖盧茲的原型中心展示的CFRP製機身壁板。787從一開始就採用一體成型的圓筒形機身，A350則是分成上下左右4片壁板再組合成圓筒形機身。這種方式在進行大規模維修等時比較有利。

開發概念
重視可靠度多採用傳統技術

在波音開發787遭遇困難的期間，空巴提出的報告最先釐清問題之所在。這份報告是如何製作、如何向社會提出的呢？詳情並不清楚，但是不論哪一個廠商，都會調查、分析競爭對手的動向吧？空巴把787這樣的教訓反映在A350的開發上。

787的問題之一，是在所有方面都放入過多的新技術。雖然這樣可以打造出劃時代的客機，但後來就連波音的相關人員都表示：「客機的開發不能成為實驗新技術的場所。」另一方面，空巴雖然也把許多和787共通的新技術納入A350，但是也從可靠度及成本等方面加以考量，保留了許多傳統技術。

例如在機體結構上，以超過787的比例大量使用碳纖維強化塑膠（CERP），發動機也是以專為787開發的Trent 1000為基礎，但不像787那樣把許多系統電氣化，而是和傳統一樣，飛機內增壓採用氣動系統（pneumatic system）、機輪煞車採用油壓式。藉由減輕電氣系統的負擔，當787在為鋰離子電池起火的問題而煩惱時，A350並不會受到太大的影響。

此外，A350把駕駛艙的窗戶周圍漆成黑色，成為一大特徵，但可以說是因

61

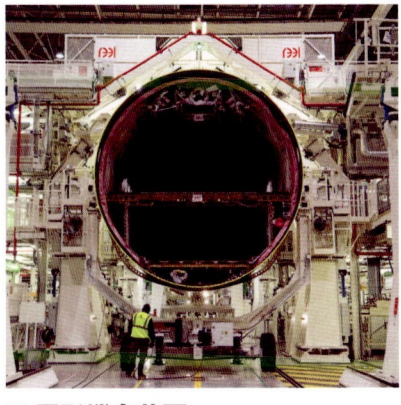

機身周邊　Fuselage

■ 超廣體
A350原本打算直接利用A330的機身截面，但後來回應航空公司的期望，重新設計較寬的機身，命名為「XWB」（超廣體）。不過，現在空巴也已經不太使用這個名稱了。

■ 進化的客機

初期型　現在型

初期的A350駕駛艙窗戶前面排列著用於偵測側風的小翼片。據說這是為了改善乘坐的舒適感而設置，但是從2019年左右開始，即使沒有設置小翼片也能處理相關問題，便撤掉了這些小翼片。經常進行類似這樣的改良。

■ 蛋形機身截面
A350的機身截面並不是像A330那樣的正圓形，而是上方較寬的蛋形。主層艙地板下方確保LD-3貨櫃最少能夠2排並列的空間。主層艙地板上方是寬敞的客艙和艙頂置物櫃，以及較大的天花板內部空間。

■ 直線部分較長的機身
客機客艙部分的寬度盡可能不要改變，比較容易安排座位等的配置。和787相比就可以看出，A350盡量維持平行部分到了極限，才把機首部分突然縮窄。而且，前起落架的安裝位置也比較接近機首。

為和787相比，每片窗戶都比較小，給人略微老舊的印象，所以才如此加以修飾。不過，駕駛艙窗戶有時會因為鳥擊等因素而破裂，更換時越小片則越便宜，也就是航空公司的負擔越小。此外，大片窗戶在為了消除霧氣而使用加熱器等設備時，容易因為熱度不均勻而破裂，A350的窗戶則不會發生這種問題。結果，A350從一開始投入營運就顯示出極高的可靠度，難怪有人稱它「雖是新造機，卻是成熟的客機」。

機體尺寸與材料
機身構造大量使用複合材料

A350規畫4種不同長度的機型，並生產了其中3種。全長60.45公尺（3級艙等標準270座）的A350-800、全長66.80公尺（3級艙等314座）的A350-900、全長73.78公尺（3級艙等350座）的

空巴A350的機械結構

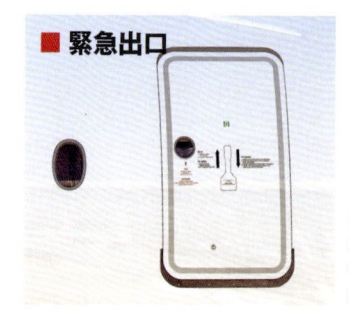

■ **緊急出口**

■ **機身後部的線條**
後段機身直到水平尾翼的翼根處才縮窄，以求盡可能保持客艙從頭到尾都很寬敞。這樣的形狀在A330等機型上也可以看到，可以說A350基本上也是繼承了這種空氣動力學效果的設計。

緊急出口全部都是大型的A型，滑梯套件也是裝配較寬的雙滑道式。機內緊急出口的標誌，從787之後都改用沒有文字的象形符號。不過，A350連機體外側的標誌也使用象形符號。

■ **翼根導流罩**
不只考慮到干擾阻力，就連面積法則（area rule，使截面積的變化平順）也納入考量的翼根導流罩。內部有用於調整增壓用空氣的溫度及壓力的乘客空調套件，機身下方有熱交換機用的進氣口。

■ **機體燈具**

■ **機腹貨艙**
和其他廣體客機一樣，機身下部有貨艙，但A350的貨艙門寬度為285公分（前方）～280公分（後方），比777大上許多，因此能夠裝載大型棧板。

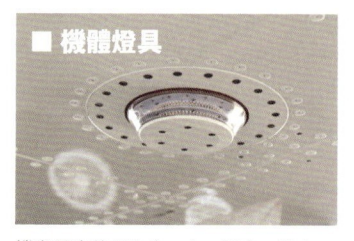

機身下方的ACL（anti-collision light，防撞燈）。不只這個，機體內外的燈具幾乎全部採用LED，電力及發熱量都消耗得很少，而且可以減少更換燈泡的維修工作。有些機體的ACL是白光，不過A350是紅光。

A350-1000，以及全長70.8公尺的A350F貨運專用機。

把這些機型的尺寸和波音的競爭機型做比較，則A350-800對應於787-8及787-9，但後來中止開發而以A330neo取代。此外，A350-900對應於787-9及787-10，A350-1000對應於787-10、777-300ER及開發中的777-8，A350F的載運量超過777F，瞄準747貨機的後繼需求。沒有對應777-9及747-8的機型，可能是因為空巴在開發A350的時候，曾經把A380列入產品線吧！但A380和747-8兩者都因為銷售始終低迷而中止生產，下單訂購A350的JAL也對更大型的客機沒有興趣。

機體構造的特徵是使用大量的CFRP（碳纖維強化塑膠）等複合材料，占了總重量的53%。看數字只是略微超過一半而已，但複合材料比較輕，所以就算使用比例增加，重量比也很難增加。實際上，有可能幾近全體都用CFRP打造吧！順帶一提，剩下的部分有18%是鋁合金或鋁鋰合金，14%是鈦合金，6%是鋼鐵，其餘8%是輪胎、窗戶等等。

787也是絕大部分機體構造（約50%）使用複合材料製成，但最大差異或許在於787是把機身一體成形做成圓筒狀，而A350是分割成4片面板再組合而成，

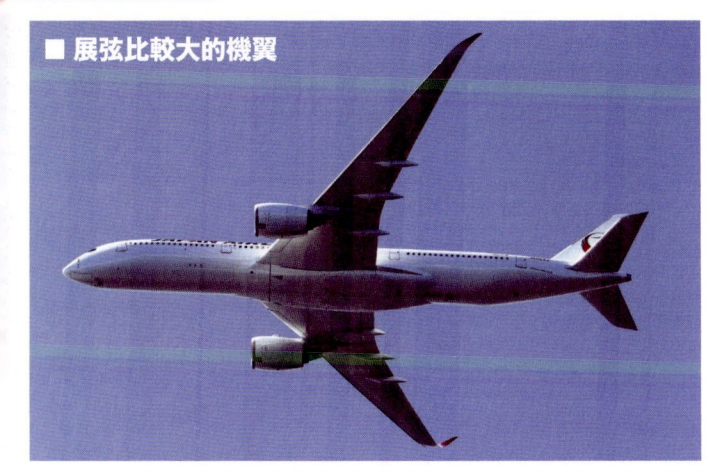

機翼　Wings

■ 展弦比較大的機翼

A350-900的主翼比較細長，展弦比為9.49，翼展為64.75公尺。這和777-300ER等機型完全相同，都是為了盡量接近機場限制65公尺以下的結果。後掠角為31.9度。

■ 襟翼和擾流板

降落時從機內看到的主翼。外側和內側的襟翼都採用簡單的單縫式。前方排列著擾流板。擾流板升起時具有減速煞車的作用，想要加大下降率等時候也會使用。

■ 下垂式前緣

發動機內側的主翼前緣做成往下彎折的下垂式前緣。不過，發動機外側的主翼前緣裝配襟翼，即使更大的攻角也不容易失速。

■ A350-1000的主翼

A350-1000由於最大起飛重量增加了，所以需要更大的機翼，但又想要生產及維修等方面盡量共用，因此只把襟翼等的根部前方平均加大30公分左右，以便解決這個需求。不過外觀的差異很小，乍看之下幾乎無法分辨。

藉此讓修理及改造更加容易。另一個差異是A350的駕駛艙周邊使用金屬製造，好處是較不容易受到周圍傳來的電磁波影響。此外，由於CFRP不耐撞擊，容易受到鳥擊的駕駛艙周邊使用金屬製造實屬合理。

機翼和高升力裝置
A350-1000把主翼稍微加大

A350的翼展為64.8公尺，和777-300ER完全相同。主翼是橫向越細長（展弦比越大）則效率越高，但是翼展超過65公尺的話，在機場內的移動和停機坪的限制也會越大，所以如果想把翼展極力做到接近這個限度的話，就會變成相同的尺寸。

不過，長機身型A350-1000的最大起飛重量為316公噸，比A350-900的280公噸更重，勢必需要更大的主翼。但若考量機場內的限制，就不能把翼展做得太大，而且如果把適合A350-1000的大型主翼裝配在A350-900的話，重量和空氣阻力都將變得不利。因此空巴把A350-900主翼的前後長度（弦長）平均拉長30公分左右，藉此加大A350-1000的主翼。拉長部分在主翼後桁（rear spar）的後方，主翼前緣的後掠角及主翼後緣的線條都相同，所以外觀幾乎看不出來，操縱性等等也沒有改變，以製造來

■ 垂直尾翼

A350（近側）的垂直尾翼使用CFRP製造，形狀和A380（遠側）大致相同，不過，A380的方向舵分割成上下兩片。除此之外，A350也運用了許多為了A380而開發的技術。

■ 翼尖小翼

翼尖設有從主翼平順連接過來的小翼。初期和現在的形狀有些微差異，不過小翼的設計十分複雜，即使是相同的小翼，也會依據觀看的角度而呈現完全不同的樣貌。

水平尾翼的後方裝設有控制俯仰的升降舵，而且能夠變更水平安定面的安裝角度以便調整配平。不過，空巴的飛機會自動調整配平，所以機師不須要積極的操作。

說也不會太麻煩。

主翼也和機身一樣，主體使用CFRP製成，機翼內部的肋條則為鋁合金製造。主翼內的前後桁之間設置了油箱，其前後則安裝高升力裝置。發動機內側的前緣安裝往下彎折的下垂式前緣（droop nose），靠發動機外側的前緣安裝縫翼，後緣安裝單側分成2片的單縫襟翼。此外，在放下襟翼的同時，擾流板也會稍微放下，使空氣的流動變為平順。

順帶一提，A350利用襟翼使翼型不只在起降時，就連在巡航中也能達到最佳化，進一步改變內側襟翼和外側襟翼的角度，藉此使機翼在翼展方向的升力分布能做到最適當的控制。這不是由機師操作，而是利用電腦自動執行。

副翼和波音的廣體機不同，只裝配外側的副翼，並在全速域都使用這個副翼。此外降落時，左右兩邊的副翼都會和擾流板一起上升以減少升力，藉著提高機輪的觸地壓力，提升煞車的效能。

發動機
系列最大的Trent XWB

發動機只準備了一款勞斯萊斯的Trent XWB，沒有其他選項。這是從三星式時代的BR211發展而來的Trent系列第6代發動機，日本的川崎重工業、三菱重工業、IHI、住友精密工業也作為風險收益分攤伙伴而參與開發。

發動機　Engine

■ 分氣系統
雖然同為Trent系列，但787用的發動機已經廢棄了氣動系統，而A350用的發動機仍然保留。因此，發動機周圍配置了粗管，讓來自壓縮機的高溫高壓的分氣通過。

■ 鈦合金製扇葉
勞斯萊斯在開發RB211時，因為開發複合材料製風扇失敗而破產，所以現在的扇葉仍然使用金屬（鈦合金）。中央突出的旋轉軸具有彈開異物以防進入內部的效果。

■ Trent XWB
發動機只採用一款勞斯萊斯的Trent XWB。發動機的直徑不像777的GE90那麼大，但有人用「足以納入協和號的機身」來形容。以日本的例子來做比喻，應該可以說是ATR的機身吧！

■ FADEC
包覆住風扇外殼的外側安裝有FADEC（全權數位發動機控制系統），即周圍連接著許多纜線，位在中央的黑盒子。這個部分可以說是發動機的頭腦，採取數位化的方式控制發動機的所有性能。

■ 輔助動力裝置
也可說是第三個發動機的APU（輔助動力裝置）排氣口開在機身後端。使用小型的燃氣渦輪發動機，但排氣對推力沒有貢獻。進氣口位於垂直尾翼右側的機身，只有運轉時才會打開。

和787用的Trent 1000相比，風扇直徑從2.84公尺加大到3.0公尺，成為該系列最大的款式。為了展現其巨大尺寸，勞斯萊斯屢屢以「能夠完全放入協和號機身的尺寸」來形容。不過以目前在臺灣飛行的客機來說，就是ATR42的機身能夠完全放入的尺寸。旁通比為9.6：1。

22片巨大的扇葉使用鈦製成，用於產生絕大部分的推力。此外，Trent XWB依據起飛推力分為Trent XWB-75（74200lbf/330kN）、Trent XWB-79（78900lbf/351kN）、Trent XWB-84（84200lbf/375kN）、Trent XWB-97（97000lbf/430kN）等款式，只有最強的Trent XWB-97風扇罩等稍微加大。因為若要產生巨大的推力，就必須提高風扇的轉數，而為了以防萬一，需要更強化的風扇罩。順帶一提，以JAL的國內航線規格來說，即使推力最小的Trent XWB-75，推力都還是太強了，所以在實際的運用上，會壓低推力以減少發動機的負擔。

A350的Trent XWB也是電力及油壓的供應源。每具發動機分別裝配有2部發電機，供應230V與115V交流電、28V直流電共3個系統的電力。此外，也可以從RAT（ram air turbine，衝壓空氣渦輪機）及APU（輔助動力裝置）供應電

起落架　Landing gear

空巴A350的機械結構

■ 主起落架　A350-900　A350-1000

A350-900和A350-1000有一個很大的區別，就是主起落架的機輪數量。最大起飛重量較大的A350-1000增加了機輪的數量，以便分散對機場地面的荷重，不過機輪的直徑和寬度則是A350-900比較大。

■ 油壓式多碟煞車

787把煞車改成電氣式，而A350則保持傳統的油壓式以求提高可靠度，實際上，從首航以來就沒有發生過問題。另外，它也沒有裝配同樣是6輪輪架的777那樣的轉向機構。

■ 前起落架

A350-1000的前起落架做了強化處理，但外觀相同。初期型的停機燈等燈具使用傳統的燈泡，現在的機型則換成LED。鏡頭變成小圓的集合體。

力。液壓泵為5000psi的高壓規格，就算使用比以往標準的3000psi系統更細的配管也能發揮巨大的力量，達到減輕重量和小型化。

起落架
A350-900和A350-1000的主起落架機輪數不同

　　A350有1支前起落架和2支主起落架。A350-900的主起落架為4輪輪架，重量較大的A350-1000為6輪輪架，能簡單分辨這兩個機型的差異。增加機輪的數量是為了分散荷重，以求減小對地面的負擔，A350-1000機身用於收納落架的部位，前後長度也從A350-900的4.1公尺加大到4.7公尺。

　　前起落架有轉向機構，這也是透過線傳飛控系統利用電腦來控制。此外，腳柱有控制箱，裡面除了與駕駛艙的通話裝置接頭之外，還裝備了APU的停止及熄火開關等等。A350-1000的前起落架和主起落架不一樣，看起來和A350-900沒有多大差異，但強度提高了。這是為了承受增加的機體重量，以及因應拖拉時所增加的負荷。

　　主起落架的各個機輪裝配有多碟煞車（multi-disk brake），但採取一般的油壓式，並非787那樣的電氣式。777和A350-1000的主起落架都是6輪輪架，777最後一排的2個機輪，會與前起落架的轉向連動而朝左右移動，但A350-

客艙內部　Interior

■ **國際航線頭等艙 (JAL)**
JAL的A350-1000所採用的單人房型頭等艙。平躺的時候，擁有與雙人床相同的寬敞度。藉著充實收納設備，撤掉艙頂置物櫃，所以即使圍起來也能享受具有開放感的空間。

■ **國際航線商務艙 (JAL)**
商務艙採用配備滑門的單人房型座位。收納設備十分充足，所以撤掉中央的艙頂置物櫃。頭枕內嵌喇叭，讓乘客不戴耳機也能享受電影及音樂。

■ **豪華經濟艙 (JAL)**
豪華經濟艙的舒適感可以媲美以前的商務艙。不只寬敞，而且是全世界第一個採用電動調整座椅傾斜度的豪華經濟艙，只需一個按鍵就能調整成舒適的姿勢。

■ **經濟艙 (JAL)**
經濟艙的機身比787更寬，配置橫向一排9座綽綽有餘。傾斜度有限制，但已經設定成不須傾斜也很舒適的角度。個人用螢光幕的尺寸也增大為以往的1.3倍。

■ **電致變色式調光**
頭等艙和商務艙的窗戶採用能以電氣方式調整亮度的電致變色式調光。787也運用了這項技術，但A350的反應速度快了許多，更容易調整成自己喜歡的亮度。

1000無此構造。此外，A350-1000也沒有用於起飛時確保離地高度的半搖臂式機構等，但或許是因為從一開始就確保了充足的離地高度，所以才不需要吧！

A350-1000還有個獨特的地方，就是安裝了ADB（auto differential brake，自動差動式煞車）。這是作為前起落架的轉向機構發生故障等狀況時的備援裝置，可以使後排機輪煞車產生左右差動，藉此控制機體的行進路線。

客艙
JAL將客艙內容全面更新

A350的客艙直徑介於787和777之間。之所以會覺得更瘦，是因為將機身直徑變化不大的直線部分盡量拉長的緣故吧！這是為了讓客艙座位比較容易配置所做的考量。

JAL把A350定位為國內航線和國際航線的旗艦機，在國內線方面，從2019年開始投入A350-900，在國際航線方面，

■ 溫水洗淨便座

在787也廣受好評的溫水洗淨便座，A350不只高級艙有設置，就連經濟艙的廁所也有設置。目前只有日本的航空公司採用這項設備，但隨著訪日外國人增加，有使用經驗的人越來越多，或許未來會普及到其他國家。

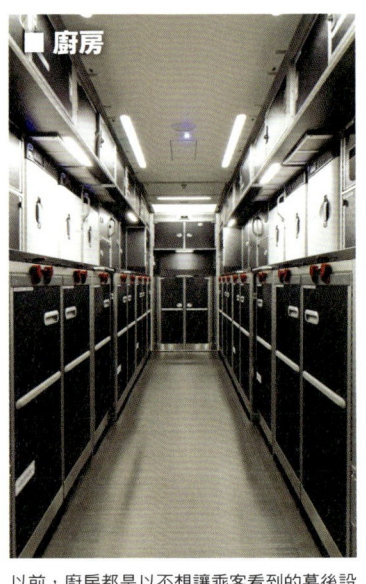

■ 廚房

以前，廚房都是以不想讓乘客看到的幕後設施來設計，但有時也會有在登機等場合當作通道使用的情況。因此，JAL乾脆把A350的廚房打造成具有現代感的優質空間。

■ 緊急出口

緊急出口原則上必須由空服員來操作，但空服員也有可能在發生事故之際受傷或死亡。因此，為了因應由乘客操作的場合，艙門上載明了開啟方法，內容包含開啟時的注意事項（確認艙外沒有火災和淹水等狀況）等等。

■ 附設動力輔助裝置的艙頂置物櫃

艙頂置物櫃在各型客機當中是最大的，但也因此滿載時的重量相當巨大。而且，A350的天花板比較高，所以裝配有動力輔助裝置，只需輕微的力量就能關上櫃門。

■ 機組員休息室

機身後方的天花板內部設置床鋪，以供機組員休息。787的機身比A350細窄，所以這個部分的艙頂置物櫃不能使用，而A350雖然容量稍微縮小一點，但還是可以使用。

從2024年開始投入A350-1000。兩種機型分別採用和以往截然不同的新座椅和內裝，並訂立為未來JAL的新標準。

國際航線規格的A350-1000有4級艙等，共239個座位；頭等艙為1-1-1座配置，共6座；商務艙為1-2-1座配置，共54座；豪華經濟艙為2-4-2座配置，共24座；經濟艙為3-3-3座配置，共155座。國內航線和國際航線的規格都是由英國的橘子設計顧問公司（Tangerine）負責監督設計，打造出讓人感受到日本傳統美學的優質空間。

頭等艙和商務艙是JAL第一次採用配備滑門的單人房型座位。頭等艙的座位空間十分寬敞，在巡航中最多可容納3個人入座，並確保座椅完全放平時擁有相當於雙人床的寬度。進一步藉由充實收納設施，廢除艙頂置物櫃，讓頭頂上也有寬闊的開放感。頭等艙和商務艙的頭枕內嵌喇叭，讓乘客即使不戴耳機也能享受電影及音樂。另外，窗戶裝配有電氣式調整亮度的遮光罩。787也採用相同的電氣式遮光罩，不過A350的反應速度快了許多。

豪華經濟艙的座椅為全球第一個採用電動化調整傾斜度，近似以前的商務艙座椅。此外，經濟艙的座椅也調整了角度等細節，即使不調整傾斜度也能享受

駕駛艙　Cockpit

■ 駕駛艙

A350的駕駛艙裝配有6個大型的橫寬電子顯示器。各個顯示器都是相同的規格，故障時可以作為備援使用。此外，也可以選擇裝配HUD（抬頭顯示器），但是在這張相片中摺疊起來，因此看不到。

■ 機長座

外觀有很大的改變，但A350的機師證照和A330共通。雖然顯示器的大小不同，1個A350的顯示器可以顯示相當於2個A330正面顯示器的類似資訊，但是在實際使用上幾乎感覺不到差異。

■ 中央台座

以推力桿為中心，設置有襟翼、減速板、無線控制面板等。A350裝配有觸控面板，但是為了防範遭遇亂流而難以正確操作的情況，也能利用手邊的KCCU（半圓形的突出物）進行操作。

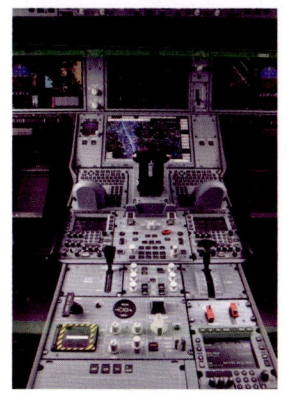

舒適的乘坐感。螢幕也加大尺寸成為可顯示4K畫面的13吋（傳統的1.3倍）。

駕駛艙
大型化的LCD畫面

A350的機師證照和A330共通，但駕駛艙的外觀有很大的不同。側桿的形狀及大小、操作方法等方面相同，但LCD（液晶顯示器）變更成6個大型的橫寬畫面。機師的正前方裝配有EFIS（electronic flight instrument system，電子飛行儀器系統），主要用於顯示PFD（主飛行顯示器）和ND（導航顯示器）的資

空巴A350的機械結構

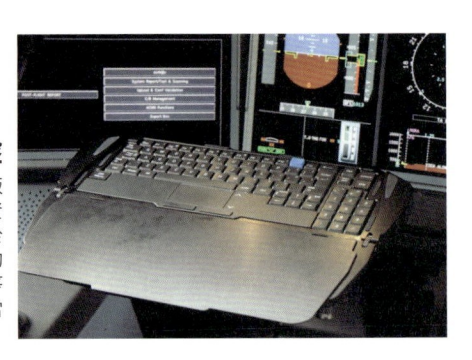

■ 鍵盤
可以收納起來的正面桌板設置了鍵盤。除了輸入資料給機體之外，也能用於最近漸多機師與管制員的文字通訊（CPDLC）等等，蓋上蓋子後平常可當作桌板使用。

雖然外觀看似截然不同，但機師的證照與A330共通，側桿的形狀及操作方法也相同。它的左側是在地面時使用的舵柄（steeling tiller），桌板收納在正面面板的下方。

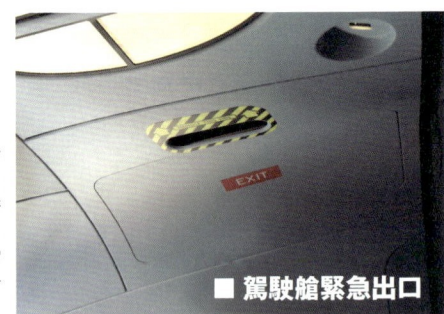

■ 側桿

■ 頂置面板
頭上的頂置面板設置了與各種系統有關的開關，不過，絕大部分都是自動控制，在飛行中不太需要碰觸。雨刷及外部燈具之類使用頻度比較高的開關設置在最前面。

A350的窗戶是固定的，打不開，為了防範無法使用一般門從駕駛艙逃脫的情況，在頭上設置緊急出口。因為距離地面有相當的高度，備有纜繩以便安全垂降。

■ 駕駛艙緊急出口

訊。中央上部的顯示器為ECAM（electronic centralised aircraft monitoring，電子式集中飛機監視系統），用於顯示發動機及系統的相關資訊、各種注意‧警告訊息等等。中央下部的顯示器為MFD（多功能顯示器），主要用於FMS（flight management system，飛航管理系統）、電子檢核清單、CPDLC（controller–pilot data link communications，管制員‧機師資料鏈通訊）等。此外，正面外側的顯示器為OIS（onboard information system，機上資訊系統），用於取代傳統紙本的操作手冊及圖表等等。

中央台座上的KCCU（keyboard and cursor control unit，鍵盤與游標控制裝置）和機師收納式桌板內的鍵盤，都可作為移動顯示器上的游標、輸入數據的介面，但從2019年12月起，在監視器上追加觸控面板式螢光幕的功能，提升了操作性。HUD（抬頭顯示器）在787為標準配備，但是在A350為選配，這是為了讓各家航空公司能夠依照自己的營運型態去做選擇。順帶一提，JAL無論國內航線或國際航線都有裝配HUD。

此外，還追加了各式各樣的功能，例如：能夠依據跑道的剩餘距離和飛機本身的速度，判斷可能有跑過頭的危險而向機師提出警告、從預定的滑行道出去會自動調整煞車強度的BTV（break to vacate，煞車脫離系統）、當空中碰撞警告發動時會自動實施迴避操作的新TCAS等等。

A☆50/Akira Igarashi

開發貨機擴大家族成員
空巴A350衍生機型全面解說

A350XWB是空巴大量運用複合材料等最新技術，開發出來的新世代雙發廣體機。
從當初改良A330的方針轉換成全新設計的結果，機體如同新名稱「超廣體」，
尺寸大了一圈，成為對抗波音777的機型。
在A380結束生產之後，現在A350XWB已經成為空巴飛機產品線中最大的機型。
目前雖然衍生機型還比較少，但也已經在開發貨機型了，
未來仍將繼續與777進行激烈的市場競爭吧！

文=久保真人

空中巴士A350

成為長程航線用飛機的新標準高效率機

除了原油價格高漲之外，令人擔憂的地球暖化等環境問題，對全世界的民航業者也產生極大的影響。空巴從2000年代中期開始，正面因應時代的要求，著手開發裝配追求高燃油效能、低噪音、低排廢氣的新世代發動機的新式中型機，成果就是在2015年1月首次執飛的A350。與競爭對手波音787一起作為引領時代的代表性客機，從大量運輸邁向重視效率的典範轉移，順利獲得大批訂單，如今已經成為支撐空巴骨幹的機型之一。

A350 規格

	A350-900	A350-900ULR	A350-1000	A350F
全寬	64.75m	←	←	←
全長	66.80m	←	73.79m	70.80 m
全高	17.05 m	←	17.08 m	←
機翼面積	443.0㎡	←	464.3㎡	←
發動機型式	Trent XWB-84 (38,192kg)	←	Trent XWB-97 (43,998kg)	←
最大起飛重量	283,000kg	280,000kg	319,000kg	←
最大降落重量	207,000kg	N/A	263,000kg	N/A
空重	194,000kg	N/A	223,000kg	N/A
最大燃油容量	140,817L	166,558L	158,987L	←
最大巡航速度	M0.85	←	←	←
航程	15,372km	18,000km	16,112km	8,700km
標準座位數(2級艙等)	300-350	161*	350-410	—
首航年度	2015	2018	2018	—

*新加坡航空規格

Airbus

A350-900
融合最新技術與高可靠度的傳統技術的中型機

A350-900

Airbus

空巴繼中型雙發機A300、A310之後，開發了小型客機A320，首次在飛行控制系統採用FBW，成功擴大了市場占有率。其後開發了刷新A300、A310的中型機A330、A340，藉此把長程用的中型機加入產品線，緊接著又研發出對抗波音747的世界最大客機A380，完成了足以對抗波音的完整陣容。

另一方面，波音則傾力開發突破傳統技術的中型雙發機「音速巡航機」和7E7，結果在2005年1月28日，7E7以787夢幻客機的面貌啟動，獲得了大量訂單。

空巴在開發A380之後，為了對抗787，於2004年著手開發A350，把既有的A330的機身配上CFRP製造的新主翼，並且採用新型發動機。2005年10月，A350計畫啟動，但是和開發中大小相當的波音787相比，引進的新技術及嶄新度都不夠優異，導致航空公司紛紛要求改善機體計畫。

因此，空巴把A300、A310、A330、A340一直以來最大直徑為5.64公尺的機身截面，直徑加大到5.97公尺（787的最大直徑為5.74公尺），全新設計機身，並且把主翼也加大面積，新增後掠角，將這款命名為A350XWB，向航空公司重新提案。對於這個新設計的A350XWB，新加坡航空率先表示訂購的意願，因此在2006年12月1日啟動開發計畫。

A350XWB是以最早開發的A350-900作為基本型，加上機身縮短型A350-800和機身加長型A350-1000，共3個機型。後來，由於2014年7月14日發表了在尺寸上具有競爭關係的A330neo，短機身型A350-800的計畫因此遭到凍結。

A350XWB所採用的新CFRP製機身，與一體成型呈圓形的787不一樣，是將上、下、左右共4片壁板組合起來的工法。以CFRP製成強度較高的機身，藉此能加大客艙窗戶、提高艙內增壓，這點則和787相同。

除了鋁合金的機首部分之外，機身、主翼、水平尾翼、垂直尾翼等部分總共有53%使用CFRP（787為50%）。A350-900的主翼面積由A330-300的361.6平方公尺，加大到443.0平方公尺。翼尖設有4.3公尺高的融合式小翼（blended winglet），用於減低空氣阻力。這是把A320家族採用的鯊鰭小翼加以改良的彎曲形翼尖板。

787的增壓、空調、主起落架的煞車、防止主翼前緣結冰等部分廢棄了

氣動系統，改用新的電氣式系統。但A350XWB則保留傳統客機的氣動系統，使用於空調、防止主翼前緣結冰等部分。這也可以說是重視可靠度更勝於新系統的革新性結果。

駕駛艙和A380不一樣，不再沿襲以往的空巴FBW機風格，改成配置6個橫寬LCD的新設計。標準的配置為OIS（機上資訊系統）、PFD/ND（主飛行顯示器/導航顯示器）、ECAM（電子式集中飛機監視系統）由左往右排成一橫列，中央ECAM的下方為MFD（多功能顯示器）。

還在左右兩邊的駕駛座前方，設置了標準配備HUD（抬頭顯示器）。正面儀表盤的下部設置了內嵌鍵盤的摺疊式桌板，這一點和A380相同。機師可以使用這個鍵盤向各種系統輸入指令、叫出手冊、計算效能等等。當然，機師證照和A320、A330、A340、A380之間都共通，從A340轉到A350只需8天的訓練即可完成機型轉換。

在發動機方面，787可選用奇異的GEnx或勞斯萊斯的Trent 1000，A350XWB則只限使用從Trent 1000改良而來的74000～97000lbf級Trent XWB。這型發動機的重量減輕不少，而且燃料消耗量及二氧化碳排放量比以往的Trent發動機減少25%，A350-900的標準發動機Trent XWB-84的推力為84200lbf。

A350-900的最大起飛重量為283000公斤，航程為15372公里，不僅最適合作為777-200ER的後繼機，而且飛行的距離比同位階的競爭對手787-10還要長。

A350-900的一號機F-WXWB（MSN＝Manufacturer's Serial Number 001）於2013年6月14日首次飛行，2014年9月30日取得EASA的型號認證，再過2個月後取得FAA的型號認證。2014年10月15日取得EASA的180分鐘ETOPS，同時也被核定能夠取得300及370分鐘ETOPS的規定（FAA於2016年5月2日核可180分鐘ETOPS）。

完成後第一次交付時間是在2014年12月13日，由卡達航空接收A7-ALA（MSN006），2015年1月15日投入杜哈～法蘭克福航線首次執飛。

日本方面，JAL於2013年10月7日簽訂採購契約，包括確定採購18架A350-900、確定採購13架A350-1000、選擇權25架，作為777的後繼機。在此之前，JAL只引進過道格拉斯、波音等美國製造的客機，這次決定引進歐洲製造的空巴客機，頓時成為熱門話題。首先接收A350-900作為國內航線用777-200及777-300的後繼機，一號機JA01XJ（MSN321）於2019年9月1日投入羽田～福岡航線首次執飛。截至2024年1月為止，JAL一共接收了16架A350-900（其中一架於2024年1月2日在羽田機場發生碰撞事故而起火燒毀）。只有JAL把A350投入日本國內航線這種短程且多頻率飛航的航線。

截至2023年底為止，包括德國空軍等所運用的ACJ350在內，一共生產了512架A350-900（包括後述的ULR）。

A350-1000
以超越標準型的航程而自豪的加長型

A350-1000

繼A350-900之後開發的A350-1000，將機身往主翼前後拉長7公尺，全長達到70.8公尺，成為2級艙等的350～410座，最多可配置480座的大型機。為了因應機身加長而增加的重量，主起落架從A350-900的4輪改成6輪的3軸輪架，並且把主翼後緣拉長以增加面積，燃料裝載量也比A350-900多18170公升，增加到158987公升。

發動機裝配97000lbf級的Trent XWB-97，最大起飛重量為319000公斤，航程比A350-900長，達到16112公里。儘管座位數和2010年停止生產的A340-600大致相同，但是航程卻和作為超長程用飛機的A340-500幾近相同。

A350-1000於2015年9月開始組裝，一號機F-WMIL（MSN059）於2016年11月24日首次飛行，2017年11月21日取得EASA和FAA的型號認證。2018年2月20日第一次交付啟動客戶卡達航空，A7-ANA（MSN088）於2月24日投入杜哈～倫敦航線首次執飛。

繼卡達航空之後，國泰航空、阿提哈德航空、維珍航空、英國航空等航空公司也陸續引進A350-1000。在此之後，澳洲航空、印度航空、長榮航空、達美航空也會將其投入長程航線。日本方面，JAL預定引進13架作為777-300ER的後繼機，一號機JA01WJ（MSN610）於2023年12月14日接收，2024年1月24日投入羽田～紐約航線首次執飛。

截至2023年底為止，A350-1000一共生產了82架。

A350-900ULR
能夠連續飛航20個小時以上的超長程機

空巴從2003年到2010年間，生產了航程最長16670公里的A340-500，以此因應航空公司想把超長程航線加到航線網的需求。後來開發了將A350-900航程增長的A350-900ULR作為後繼機，在獲得新加坡航空的訂單之後，於2015年10月13日啟動。

這個衍生型是以裝配Trent XWB-84的A350-900為基礎，減低酬載量，反之把油箱容量從140817公升增加到166558公升，成為航程拉長到18000公里的超長程用機型。這個續航性能超越A340-500之中，重量最重的選擇型16670公里和777-200LR的17370公里，成為全世界航程最長的客機。

A350-900ULR於2018年2月28日首次展出，2018年4月23日首次飛行。

空巴A350衍生機型全面解說

A350-900ULR

2018年9月22日把9V-SGA（MSN220）交付新加坡航空，10月11日投入新加坡～紐華克航線開始營運。這條航線的區間距離約16000公里，飛行時間約19個小時，從2004年8月至2013年11月由A340-500執飛，但因A340-500退役而停航。過了5年，終於在引進A350-900ULR之後復航。

新加坡航空的A350-900ULR採用商務艙67座、豪華經濟艙94座的2級艙等161座的特殊規格。

A350-900ULR總共生產了7架，全部交付新加坡航空。

A350F
因應需求旺盛而進行開發的貨機

空巴於2010年7月20日開始交付A330-200F，同時也提供把A321和A330-300的客機改裝成貨機的P2F（passenger to freighter）專案。但是，能夠和波音的777F及開發中的777-8F對抗的酬載100公噸級大型貨機，並沒有列入生產線。因此空巴決定開發已經收到超過1000架訂單的A350貨機型，打入未來的大型廣體貨機市場。

2021年7月開始開發A350F，預定2025年交付，全長為介於A350-900及A350-1000之間的70.80公尺，酬載為109公噸，最大起飛重量與A350-1000相同，航程為8700公里。

主層艙的左舷主翼後方設置大型貨物門，可裝載30片PMP/PMC棧板（2.43公尺×3.17公尺）。機腹貨艙可裝載12片PMP/PMC棧板，或40個LD-3貨櫃。這個裝載能力比777F大上許多，和777-8F同一等級。

A350F在2021年11月舉辦的杜拜航空展中，北美的大租賃業者航空租賃下訂單而成為啟動客戶。在2022年2月舉辦的新加坡航空展中，新加坡航空也訂購了7架。到2023年底為止，總共獲得了50架的訂單。

回顧演變到777與A350的歷程

改變時代的飛機
旗艦機變遷史

777和A350XWB可說是當今能代表波音和空巴的旗艦機。
旗艦原本是16世紀左右開啟帆船艦隊戰時期誕生的海軍用語，
用於稱呼作為艦隊中心的指揮官所搭乘的船艦，英文寫作flagship。
高舉指揮官的旗幟指揮艦隊行動的旗艦，是最重要且具有象徵性的船艦，
這個意象在現代已經牢不可破了。
而在航空業界，機體廠商及航空公司則把象徵自己的機型稱為旗艦機。
這個名詞沒有明確的定義，是站在各自的立場以主觀將當時最重要、最耀眼的機型作為旗艦機。
因此如果回溯旗艦機的歷史進程，是否能夠一窺民用航空的時代變遷呢？
就讓我們以這樣的觀點來追溯航空史上的旗艦機吧！

文=內藤雷太

旗艦機變遷史

道格拉斯DC-3
包括軍用型在內，DC-3總共生產了1萬架以上。早期的營運者美國航空把DC-3稱為「旗艦」，在日本戰後的民用航空草創期也相當活躍。

出處：Library of Congress (USA)

Masahiko Takeda

第一架旗艦機是DC-3

聽到旗艦機，腦中是否會浮現出像波音747這樣的大型客機呢？但是航空界出現旗艦機還要更早，是在二次大戰前的民用航空黎明期。1930年創立的美國航空，第一個公開使用旗艦機這個名稱，而第一代旗艦機則是被稱為世界第一架真正客機的道格拉斯DC-3。在航空公司陸續誕生的1930年前後，把弱小的美國航空培育成為大型航空公司的第一代總裁史密斯（C. R. Smith），把引以為傲的新型機DC-3稱為「旗艦」，並且將機場的旅客貴賓室稱為「海軍將官俱樂部」（Admirals Club），以艦隊的意象來宣傳自家公司，就此開啟了旗艦機的說法。而且，DC-3本身也是史密斯說服道格拉斯製造的機體。

在萊特兄弟完成首次動力飛行的32年後，首次飛行的DC-3是一架全金屬硬殼的往復式雙發客機。現在來看只是一架小型的古典機，但若了解當時的時代背景，這個想法便會全然改觀。當時的客機十分脆弱，一般大眾認為客機很危險，最好敬而遠之，而且全球陷於經濟大蕭條之中，各地的航空公司都面臨破產的危機。所以現實考量下，寧可從事比旅客運輸更能獲取穩定收益的航空郵件運輸。當時的主力飛機是木製主翼，乘客10人的荷蘭製福克F.VII和全金屬製福特三發（Ford Trimotor）。但是這兩種都經常發生事故、取消航班，遭人嫌棄。

在這樣的狀況下，波音接受該公司的營運部門波音航空運輸（Boeing Air Transport，聯合航空）的委託，開始開

發新型客機，於1933年2月完成了波音247。這個機體採用全金屬硬殼結構，起落架可收進乘客10人的客艙，並裝配自動操縱的最新設備。這個機體的問世，促成了DC-3的開發。眾多航空公司紛紛湧向波音，但波音的政策是以自家的聯合航空為優先，將大家拒之門外。其中一家公司「跨大陸及西部航空」（T&WA，現在的環球航空）於是興起一個念頭：「那就自己打造一架超越247的客機吧！」

這個時候，T&WA選中的委託開發廠商，是當時新興的道格拉斯飛行器公司（Douglas Aircraft Company）。雖然押注在毫無客機開發經驗的道格拉斯，但道格拉斯的總裁道格拉斯（Donald Douglas Sr.，1892～1981）不僅是出色的經營者，而且本身就是航空技師，其下還有知名主任設計師雷蒙德（Arthur Emmons Raymond，1899～1999）、北美航空工業（North American Aviation Inc.）的創業者金德爾柏格（James H. Kindelberger，1895～1962）、創立諾斯洛普公司的諾斯洛普（John Northrop，1895～1981）等多位優秀的技術人員，因此在247問市之後僅僅過了5個月的時間，就完成該公司第一架客機DC-1。T&WA對這項成果欣喜若狂，立刻決定量產把乘客增加到14名的DC-2，就此展開了名門道格拉斯的客機系列。

DC-2除了DC-1的全金屬硬殼結構、可收式起落架、變距螺旋槳（variable pitch propeller）之外，又增添最新技術的高升力裝置襟翼，因此大受好評，也讓史密斯靈機一動。當時美國航空使用豪華內裝附床鋪的柯蒂斯T-32禿鷲II（Curtiss T-32 Condor II）雙翼機運行夜間航班，史密斯心想：「如果把DC-2裝配床鋪和廚房投入這條航線的話，一定會大受歡迎。」道格拉斯總裁正為DC-2的訂單忙得不可開交，被史密斯電話轟炸好幾個小時，終於答應了這項提議，開始開發DC-3。

最初推出稱為DST（Douglas Sleeper Transports，道格拉斯臥鋪運輸機）的新型機，把DC-2的機身和主翼加大，以便設置14人份的普爾曼床（Pullman bed，可靠牆摺疊起來的壁床），並重新檢討空氣動力學而獲得超越DC-2的高性能，於次年1935年12月17日完成首次飛行。儘管引進7架DST的美國航空以「本公司的新旗艦 — 空中臥鋪（Sky Sleeper）」大肆宣傳，但是這個企畫案也就到此為止了。

從第8架起，DST把客艙恢復橫向3座7排共21座的配置，成為全長19.7公尺，最高時速350公里，航程2900公里的高性能客機，名稱也改為DC-3，就此完成傳說的知名客機。擁有高度安全性及可靠度的DC-3開始定期營運，由於乘客增加為原來的2倍而大幅降低成本，再加上航空旅客急速增加，使得航空公司從慢性經營危機之中脫身而出。

繼美國航空之後，聯合航空、T&WA、英國海外航空（BOAC）等全世界的航空公司，陸續引進DC-3作為旗艦機，在民用航空的黎明期為航空業界奠定了堅實的基礎，在第二次世界大戰開戰前的3年當中，成為生產600架以上的熱銷機型。不過，這個機體並未因戰爭而停止活躍。開戰後，民用航空活動停滯不前，但DC-3卻轉變成為盟軍的主力運輸機C-47空中列車（Sky Train），量產

了1萬架以上，扮演著軍方後勤的關鍵角色，幫助盟軍取得勝利。大戰結束後，第一代旗艦機DC-3再度作為民航機而繼續活躍，最終成了在航空史上留名的歷史性名機。

星座式大受歡迎

在此同時，戰前曾經是航空聖地的歐洲，卻開始籠罩在即將爆發大戰的陰影之下。在這段期間，已經處於納粹政權下的德國容克斯公司（Junkers），推出全金屬製低翼三發機Ju52/3m席捲全歐洲。Ju52/3m使用硬化鋁合金波紋狀蒙皮打造出簡樸有趣的外形，裝配容克斯專利的插槽式副翼及襟翼而能夠在狹小的機場營運，憑藉著堅實性和可靠度獲得了漢莎航空、瑞士航空、俄羅斯航空等眾多航空公司採用，是戰前歐洲的旗艦機。

談到旗艦機，可不能忘了大型水上飛機吧！當時前往海外旅行都是搭乘輪船，但是泛美航空、BOAC等旗艦交通業者，開始使用大型水上飛機嘗試開拓國際航空路線。使用水上飛機，就算有海洋也不必在意跑道，營運不受限制，即使加大了也沒有問題，很適合用來開拓國際航線。其中，泛美航空使用長程四發大型水上飛機馬丁（Martin）M130及巨型水上飛機波音314飛剪船（Clipper），大力推銷橫跨太平洋及大西洋的豪華旅行。

大型水上飛機設置有豪華餐廳、交誼廳和客房，到了夜晚會降落水面，化身為海上旅館。乘客可以盡享一流旅館大廚的全套盛宴，或在交誼室優雅地放

容克斯 Ju52/3m　在第二次世界大戰之前的歐洲，有許多航空公司引進了容克斯Ju52/3m。裝配三具往復式發動機的機體結構十分罕見，現在仍保存著一些能夠飛行的閒置飛機。

波音314飛剪船 在陸地機場尚未完備的時代，國際航線是大型水上飛機的天下。這張相片是1939年舉辦的金門國際博覽會作為官方紀念品而發行的明信片，相片中的飛機是在舊金山上空飛行的泛美航空的波音314。

鬆，享受高檔的空中旅行。各架飛艇被賦予與Clipper有關的暱稱，以此作為旗艦機而大肆宣傳。瀰漫著優雅的時代氣氛在天空悠哉旅行的豪華水上飛機，在戰爭爆發之後悄然消失了。

美國到了1941年也被捲入大戰之中，民用航空活動一時停滯不前，但另一方面，航空技術卻因戰爭的關係而再度飛躍進化。終於，戰爭結束了，全球的經濟逐漸復甦，各國的航空公司也重新恢復朝氣。於此同時軍用技術獲准向民用開放，因此進化的客機陸續登場，促使市場急速發展。

戰前對歐洲望洋興嘆的美國，戰後成為世界最大的航空國，一躍成為航空界的領導者。開發超大型轟炸機B-29的波音、量產運輸機的道格拉斯、製造P-38戰鬥機的洛克希德等廠商紛紛開發新型客機，開啟了往復式客機的黃金時代。

象徵這個時代的旗艦機，可能是洛克希德的星座式（Lockheed Constellation）以及其發展型超級星座式（Super Constellation），還有道格拉斯的DC-4及DC-6吧！星座式具有優雅的外形及出眾的高性能，DC-4/DC-6則利用軍用機時期錘鍊打造的合理設計，兼具實用性與高性能，都可以說是民航界復興的象徵。

星座式開發的契機，是洛克希德接受泛美航空董事長特里普（Juan Trippe，1899～1981）的委託，開發出44型聖劍式（Model 44 Excalibur）。但是在著手開發不久的1939年，大富豪兼知名航空家休斯（Howard Hughes，1905～1976）出現了，從此展開出乎意料的故事情節。休斯說：「只要是必要的錢，我都會出，所以要不要把聖劍式回到白紙狀態，打造一架我理想中的客機

呢？」洛克希德衝著這番話，開始祕密地為大富豪休斯個人擁有的航空公司T&WA，開發休斯的理想客機。

後來因為開戰的緣故，開發中的飛機轉成軍方管轄，試作機XC-69於1943年1月9日首次飛行，雖然表現出優異的性能，但當時是以主力轟炸機和戰鬥機的製造為優先，致使C-69的生產被迫中斷，它的存在一直到戰爭結束都屬機密。但是，洛克希德預見戰後的民用航空景況，在取得軍方許可之後，把C-69作為原來的L-049加以完成，在戰爭結束之前的1945年7月12日首次飛行成功，公開發表新型機的存在，超越了競爭對手波音和道格拉斯。

這個突如其來令世人震驚的L-049星座式，首先是交付T&WA和泛美航空，後來達美航空、首都航空、布蘭尼夫國際航空、法國航空、BOAC也都陸續引進，從而成為大家公認的旗艦機。星座式暱稱為柯妮，因其身形而有「空中貴婦」的美譽。設計者是傳奇設計師詹森（"Kelly" Johnson，1910～1990），內裝設計者是代表20世紀的知名設計師洛伊（Raymond Loewy，1893～1986）。

L-049被打造成為長程高高度高速巡航機，機體採用大量尖端技術，例如防音空調完備的增壓客艙、防止機翼結冰裝置等等，發動機採用號稱往復式最大級出力的萊特R-3350雙颶風（Wright R-3350 Duplex-Cyclone）。乘客數最多81名，最高時速達到510公里，航程為6400公里，巡航高度為7346公尺。最先接收到這架高性能客機的T&WA和泛美航空，爭相開拓橫跨大西洋航線。1946年2月3日，泛美航空率先展開百慕

洛克希德L-1049 以歐美為主的多家航空公司引進星座式，陸續發展出性能更加提升的衍生型。相片所示為漢莎航空的L-1049G超級星座式。

道格拉斯DC-4　以軍用運輸機C-54空中霸王的身分首次飛行的DC-4。這種傑出的運輸機在第二次世界大戰結束後大量轉售到民間，導致以DC-4身分新造的機體很少。相片所示為停放在伊丹機場的日本航空DC-4。

達～紐約間的營運。T&WA為了與其抗衡，於2月5日以19個小時46分鐘飛行紐約～巴黎之間第一條橫越大西洋的航線。

戰後的民用航空由於橫越大西洋的航線急速成長而開始復甦，使得實現這項目標的L-049大賣特賣。隨著市場的急速成長，航空公司的要求也越來越高，洛克希德因應這些要求而不斷改良L-049，最後為了對抗強敵道格拉斯名機DC-4、DC-6的登場，推出了系列最高峰L-1049超級星座式。

超級星座式把機身加長5.5公尺，使乘客數增加到最多106名，並且裝配往復式發動機最高級的R-3350渦輪複合發動機（turbo compound engine），進化成為最高時速達到550公里，航程9398公里的機體。美國東方航空於1951年12月開始營運，而其他公司也爭相投入大西洋橫越航線、美洲大陸橫越航線、太平洋橫越航線，使L-1049成為該系列最熱銷的機型。

最後，包括貨機型、軍用型在內，全系列總共生產了856架。星座式可以說是休斯利用這個機型的顯著個性，給復甦中的民航業界展示未來的願景。

道格拉斯憑藉傑作機DC-6恢復霸權

這個時代，和洛克希德爭奪霸主的道格拉斯在起跑點慢了一步。即使進入戰後，道格拉斯仍然忙著製造美軍運輸機，而本身量產的軍用運輸機被大量釋出到民用，導致新造機賣不出去。這個運輸機是C54空中霸王（Skymaster），民用型則是DC-4。

DC-4有個截然不同的前代機型DC-4E。這是接受聯合航空的委託於1935年進行開發，原本期待能作為DC-3的後

繼機而試作的大型四發機，但因期望過高，變成又大又複雜而難以著手的機體，最後以失敗告終。眾多航空公司對這個機型進行評價，提出了長長的改善清單。因此，道格拉斯便以這份清單為基礎，回到白紙狀態重新開發，最終推出了DC-4。

DC-4的開發也和L-049一樣，因為戰爭而轉由軍方管轄，以C-54空中霸王的名號於1942年2月首次飛行。兼具高性能及實用性的運輸機C-54到戰後的1946年為止，總共量產了1134架，其中有500架在戰後轉售到民用。如此大量的DC-4流向民用市場，成為航空公司復甦的主力，但也導致新造的DC-4只賣出79架。

鑑於DC-4E的教訓，DC-4縮小機體尺寸，乘客數也減少到44名，最高時速為450公里，航程為5300公里，裝配4具P&W R-2000發動機，成為高泛用性的運輸機。雖然性能稍遜於星座式，也沒有增壓客艙，但絕對比精緻的星座式更容易操作，售價比較便宜也是其魅力所在。戰後新造的79架也因為價格實惠而廣受歡迎，被許多頂尖航空公司及中堅航空公司作為旗艦機。泛美航空使用這個機體開啟了太平洋橫越航線的定期營運；日本方面，則有剛成立的日本航空使用DC-4展開正式營運。

道格拉斯雖然以這樣的態勢回到民航業界，但畢竟DC-4的力道不足，因此在1947年推出了真正的名機DC-6。DC-6原本作為C-54空中霸王的高性能版，於1944年著手開發，但不久之後戰爭就結束了，結果是作為民用客機於1946年2月15日首次飛行。DC-6把DC-4的機身加長大約2公尺，座位數增加到68座，懸而未決的增壓客艙也成為標準配備，並且換裝傑出的發動機P&W R-2800雙黃蜂（Double Wasp）以

道格拉斯DC-6 以日本航空草創期主力機而聞名的DC-6B。相片所示為1961年在曼谷機場拍攝的日航客機，左手邊可以看到競爭對手星座式的尾翼。

德哈維蘭彗星式 開拓民航界噴射機時代的德哈維蘭彗星式。這個機型揹負著英國的期待而充滿企圖心，但卻頻頻發生因金屬疲勞造成的墜機事故，導致無法坐上旗艦機的寶座而消失無蹤。

提升出力，擁有最高時速525公里，航程7377公里的高性能。

高性能、高可靠度、泛用性、經濟性集於一身的DC-6，總共生產了700架以上，可以說是往復式客機的最高傑作。尤其是最暢銷的客機型DC-6B，在各國的頂尖航空公司擔任旗艦機的角色，例如泛美航空拿來作為大西洋・太平洋橫越航線的主力。日本航空使用這個機體開設東京～檀香山～舊金山間的太平洋橫越航線，重回國際，所以在日本也是極受歡迎的機體。

噴射機的登場與發展

民用航空的戰後復甦從往復式大型客機的競爭揭開序幕，當時以為往復式飛機的時代還會持續下去。然而在1952年5月2日，BOAC使用劃時代的新型客機執飛倫敦～約翰尼斯堡航線，再度迎來了重大變革。世界第一架噴射客機德哈維蘭彗星式（De Havilland Comet，D.H. 106）登場了。

這個機體的開發要回溯到戰爭期間。英國政府認為由於大戰的影響，英國的航空先進國地位在戰後將會被美國取代，因此在戰爭期間設立了布拉巴宗委員會（Brabazon Committee），研究英國在戰後應該如何從事飛機的開發。委員會依據對戰後經濟及技術動向的預測，提出關於飛機開發極度重要的報告書。但是由於對戰後的預測錯誤，反而成為英國沒落的原因。這個委員會的功績，或許是主要成員德哈維蘭的創辦人德哈維蘭（Geoffrey de Havilland，1882～1965）說服政府許可開發彗星式客機吧！

英國期待的彗星式於1949年7月27日首次飛行成功，BOAC立刻開始國際航線的營運。彗星式的主翼根部裝配離心

壓縮式渦輪噴射發動機德哈維蘭幽靈（de Havilland Ghost），乘客數36名，以往復式發動機不可能達到的巡航時速764公里，巡航高度10700公尺的高性能，展示了噴射客機的可能性，吸引全世界的航空公司飛奔而來。但是，在全世界尚未認可為新時代的旗艦機之前，卻連續發生兩次空中解體事故，導致彗星式全體停止營運。英國設計的增壓結構，沒有考慮到金屬應力疲勞的問題。於是彗星式像彗星一樣地出現，又像彗星一樣地消失。

當彗星式發生悲劇，以及洛克希德對道格拉斯爭奪霸權的時候，波音在一旁靜觀。波音曾經在民用航空活躍一時，但是在戰後，除了推出以B-29為基礎的豪華雙層艙大型四發往復式客機波音377同溫層巡航者（Stratocruiser）之外，就只專注於開發美國空軍的噴射轟炸機。波音在冷戰時期的軍事開發上扮演著企業方面的核心角色，藉開發傑出的戰略轟炸機B-52等，累積了大型噴射機的專業知識。波音看到噴射機時代來臨的徵兆，開始籌備回歸民用市場，著手開發歷史性的名機波音707。

707是從367-80發展而來的機型。367-80俗稱Dash 80，是波音企圖在軍民兩個領域都獲得成功而耗資自行開發的概念驗證機。波音根據開發噴射轟炸機的經驗，確信噴射空中加油機的必要性，而在看到彗星式的始末後，意識到這個新空中加油機的設計，將會取代彗星式在民航界掀起一場革命。367-80於1954年7月15日首次飛行成功，在向大眾公開的場合，於大批觀眾屏氣凝神地張望下，以傳說中的低空橫滾的姿勢飛掠頭頂，讓業者邀請與會的顧客大吃一驚。

這個效果卓越至極，美國空軍很快就以KC-135同溫層加油機（Stratotanker）

波音707 泛美航空給美國飛機廠商的客機開發帶來了重大影響，同時也是波音製造的噴射客機先驅707的啟動客戶。

道格拉斯DC-8　和707展開激烈競爭的DC-8。當時，採用許多道格拉斯飛機的日本航空也引進了大批的DC-8，因而廣受日本人歡迎。也開發了機身加長型等許多衍生型。

的名稱大量訂購。接著，很早就在民用型707身上預見噴射客機革新性的泛美航空董事長特里普在1955年進行官方發表之後，以把707的機身寬度加大，並把367-80的2-3配置改成3-3配置為條件，確定訂購20架。其實，此時特里普已經決定訂購25架提出3-3配置方案的競爭機型道格拉斯DC-8。結果由於這項變更，使得707能夠符應其後航空旅客急速增加，而且機身設計更成為後續波音飛機的基礎，如果想到這一點的話，就會覺得這項設計變更真是做得太對了！

1967年12月20日，707超前DC-8首次飛行成功，成為現代噴射客機的鼻祖。第一個量產機型是707-120，全長44.2公尺，全寬39.9公尺，後掠角35度的主翼以吊艙方式裝配4具最新的軸流式渦噴發動機P&W JT3C，巡航高度為12800公尺，最高時速達到1000公里，航程為9260公里，大幅超越彗星式，發揮了另一個檔次的高性能。乘客數最多可達174名，將近以往的2倍。波音在突破窠臼的707身上展現自信也是理所當然。

707以泛美航空這樣的美國旗艦航空業者作為啟動客戶，於1958年10月26日在紐約～巴黎的大西洋橫越航線華麗登場，啟航典禮就連艾森豪總統也出席了。在全世界的注視下，泛美航空的新旗艦機707-120美國快剪號（Clipper America）只花了8小時41分鐘就出現在巴黎，這個時間還不到以往的一半，令全世界大為震驚。

繼泛美航空之後，全球的旗艦航空業者紛紛採用，讓707成為噴射機時代的先鋒，也是第一架在商業上獲得成功的噴射客機。激烈的市場競爭使得航空公司提出更細緻的要求，波音為了應對這些要求，致力於展開不同的機型版本，一直持續生產到1991年為止。707成為

罕見的長壽機，總共生產了1000架以上，可以稱得上是象徵時代的名機。

和這個707交鋒的競爭對手DC-8，也是毫不遜色的知名噴射客機。業界翹楚道格拉斯為了對抗707而開發的DC-8，在名門道格拉斯的可靠度加持下，使業界分成各自擁護707和DC-8的兩個陣營。在泛美航空宣布對兩邊同時下訂單的時候，為之錯愕的各旗艦業者當中，BOAC、法國航空、漢莎航空、TWA、美國航空、布蘭尼夫國際航空等公司支持波音；聯合航空、美國國家航空、荷蘭皇家航空、東方航空、日本航空、北歐航空、達美航空等公司則是支持道格拉斯。

DC-8的開發始於1955年，幾乎和707同時期，但這時波音已經有367-80，所以事實上DC-8比較晚啟動。但是DC-8引進美軍最新開發方法「庫克-克雷吉計畫」（Cook–Craigie plan），設計後不經試作直接量產，把落後707的時程壓縮到5個月，1958年5月30日就完成首次飛行。最初的量產機是長程國內航線用的DC-8-10，全長45.9公尺，全寬42.6公尺，後掠角30度的主翼和707一樣以吊艙方式裝配4具P&W JT3C。乘客數最多150名以上，最高時速為958公里，航程約6960公里，直逼先行的707。

DC-8首次出現在國內航線是在1959年9月18日，達美航空將其投入紐約～亞特蘭大航線執飛。僅僅幾個小時之後，聯合航空也將其投入舊金山～紐約間的大陸橫越航線開始定期營運，DC-8從此展開了快速進擊。自DC-4以來一直是道格拉斯愛用者的日本航空，也在1960年引進作為新的旗艦機，在那之後的27年間總共引進了60架，成為大客戶。因此DC-8在日本也很受歡迎，端正而聰慧的姿態博得「空中貴婦」的稱號。

但在進入1960年代之後，DC-8受到707的壓迫，銷路陡然崩落。因此，道格拉斯推出了DC-8的第二代超級60系列，把DC-8的機身一口氣拉長11公尺，並且把座位數增加到270座。

超級60在波音747登場之前，憑藉著世界最大的容量及長度，成為稱霸航空界的客機，成功奪回DC-8的人氣。就這樣，與707一起掀起第一代噴射客機旋風的DC-8，在1972年把棒子交給下一代主力機DC-10而結束生產。總計生產了556架。

稱霸全球的巨無霸噴射客機

而在這段期間，東方的民用航空是什麼情況呢？1956年，赫魯雪夫（Nikita Khrushchev，1894～1971）搭乘蘇聯製噴射客機圖波列夫（Tupolev）Tu-104訪問英國，驚動西方世界。從鐵幕那一側突然現身的蘇聯實用噴射技術，在西方各國的眼中構成巨大的威脅。

Tu-104是俄羅斯航空從1956年起開始營運的世界第二款實用噴射客機，乘客數50名，裝配2具米庫林（Mikulin）渦噴發動機，巡航時速達到750公里，航程為2650公里。性能在規格上相當高，但事實上技術並不完備，總共生產201架，其中37架發生事故而報廢，屬於有危險性的機體。但是在共產國家沒有其他的選擇，因此俄羅斯航空、捷克斯洛伐克航空、蘇聯空軍、捷克軍方、蒙古軍方等等都有引進，成為當時共產國家的旗艦機。

話題回到西方。第一代噴射客機707和DC-8把主要航線推行噴射化的結果，到了60年代，地區航線也進一步噴射化了。活躍於其中的角色是波音727

圖波列夫Tu-104 Tu-104於1950年代登場，成為共產國家常見的機型。但在製造的201架之中，有37架因發生事故而損毀，屬於安全性極差的機型。相片所示為1964年在莫斯科的謝列梅捷沃國際機場拍攝的機體。

和737、道格拉斯DC-9等中短程噴射客機，這些機型比起國際航線沐浴在華麗聚光燈的照耀中，更像是辛勤的駄馬一般埋頭苦幹，默默地改變了民航界。把第一代的技術和營運專業知識運用於中短程航線，追求更高的實用性和經濟性的小型噴射客機，是推進航空的低成本化和大眾化的原動力。結果到了60年代後半，迎來了追求更高效率和經濟性的廣體機時代。

廣體機的始祖是從1970年開始營運，號稱旗艦機中的旗艦——波音747。泛美航空的特里普表示：「我想要一架超乎常識的大型機，以便有效地載送急速增加的旅客。」波音董事長艾倫（Bill Allen，1900～1985）口頭約定：「那就交給我做吧！」於是著手開發這一架巨型機。

事實上，當時的民用航空界沉浸在未來將以速度至上的一片光明想像之中。

在歐洲，英法兩國共同開發了協和號（Concorde），法國航空和BOAC這兩家旗艦航空業者甚至已經決定把協和號作為新時代的旗艦機。協和號以2.2馬赫的最大速率和7250公里的航程自豪，是唯一真正從事過商用營運的超音速客機，但實際上僅僅生產了12架。雖然如此，仍是象徵747登場時代另一個面向的歷史性機體。對於法國航空和BOAC而言，協和號就像是明星級的旗艦機。

然而，形勢的發展完全脫離當時對未來的想像，進入70年代之後，經濟效率和地球環境成為全世界的重要課題，超音速機的熱潮急速冷卻了下來。取而代之迅速浮上台面的，是把經濟性和營運效率提升到現代的層次，以747為代表的廣體機。事實上在這個時候，波音最大的民用機計畫就是政府的超音速客機開發，波音已經做了相當龐大的前期投資。由於這項計畫突然變卦，使得波音

協和號

在1960年代，人們相信客機的未來就是追求更快的速度。英法共同開發的超音速機協和號雖然被法國航空和BOAC引進作為旗艦機，但因石油價格高漲及噪音等問題而遭遇逆風，以至於未能擴增更多營運者。

波音747

747巨無霸客機建立了「旗艦中的旗艦」地位，泛美航空對於這個機型的開發有著重大的影響。在超音速機急速失去魅力的同時，747引領著時代邁向大量運輸的新紀元。

道格拉斯DC-10和洛克希德L-1011　以中程航線及國內航線為主要目標而開發的三發機DC-10（近側）和三星式（遠側）。往往被巨無霸的光芒所掩蓋，不久之後就因雙發機時代來臨而急速退役了。

陷入困境，轉而倚賴當時被當作超音速機配角看待的747。

突然變成主角的747，主任設計師是747之父薩特（Joe Sutter，1921～2016）。這位空氣動力學專家參與了所有波音噴射客機的開發案，對客機瞭若指掌，憑藉他的超群洞察力和統率力，成功打造出史無前例的巨型機。

快接近特里普所給期限的1969年底，交付第一架量產型747-100給泛美航空。這個巨大的機體具有雙層艙的機首，全長70.6公尺，全寬59.6公尺，機身寬度6.49公尺，2級艙等可以載送452名乘客，是707的兩倍以上。裝配4具747專用的P&W JT9D高旁通比渦輪風扇發動機，發揮最高時速約970公里，航程9800公里的性能，可說是一架空前絕後的巨型機。

對於這個超乎常識的巨大尺寸，業界不禁懷疑泛美航空和波音是否失去理智。但是在1970年1月21日，泛美航空把747投入紐約～倫敦航線首次執飛，終於揭示了經濟性這個最大的武器。航空公司這才明白，當時航空旅客爆炸性成長的市場，正是善用這項武器的場域。於是747迅速受到眾多旗艦航空業者積極搶購，並有「巨無霸客機」（Jumbo Jet）之稱。總共生產了1574架的747，至今仍是客機的偶像。

雙發廣體機時代的來臨

747登場之後，具有同樣寬廣機身的三發大型客機道格拉斯DC-10、洛克希德L-1011三星式也緊跟著登場。這兩個終生都是競爭對手的機型，都具有以往沒有的寬廣機身和運輸能力，和747合稱為第一代廣體機。747是接受泛美航空委託所開發出以國際航線為主的四發長程機，DC-10和三星式則是因應美國

國內航線的需求而誕生的三發中程機。

有一段很長的時間，747是唯一的超大型長程機，在A380登場之前，根本沒有足以對抗的機型。至於從一開始就處於競爭狀態的DC-10和三星式，三星式的開發延遲對後來產生很大的影響。

DC-10是名機DC-8的後繼機，雖然是以廣體的概念進行有點冒險性的開發，但已經牢靠地掌握這個部分的技術，主要是在長程國內航線上提高了良好的銷售成績而大肆活躍。而三星式由於開發延遲，只能跟在DC-10後面追趕，再加上石油危機造成燃料價格高漲，產生了經濟性方面的問題，導致後來被雙發的A300逆轉。雖然是話題性極高的三發廣體機，但最後因為洛克希德在各國發生賄賂事件這種不好的結局，從此之後就再也沒有可以大顯身手的舞台了。

在這個時代，能和747並列為真正旗艦機的，或許是第一代廣體機的最後伏兵，登場時誰都沒有將其放在眼裡的新興廠商空中巴士的A300吧！

當時，美國的廣體機企圖席捲歐洲市場，法德兩國政府為了與其對抗，讓歐洲航空業界能夠恢復霸權，展開國際合作共同開發出A300。相對於依據美國眼光所製造的DC-10及三星式，A300是具有最適合歐洲的運輸能力和彈性，並且重視經濟性的獨創性客機。雙發廣體機這樣的形態，誰也沒有嘗試過，但這個判斷完全契合70年代的時代變遷。

A300比三星式更晚上市，而且是完全沒有實績的歐洲新興廠商的第一個產品，所以誰也沒有把它放在眼裡，上市之後有好幾年完全賣不出去。然而，在度過第一次石油危機的大浪之後，如何應付燃料費的高漲問題，成為航空公司最重要的課題。雙發的A300在經濟性方面絕對優於三發廣體機，因此開始受到注目，不知不覺成為銷暢機，甚至登

空中巴士A300　A300是歐洲的廠商為了對抗美國廠商而集結設立的空中巴士工業所開發的第一個機型。最初完全賣不掉，但後來高經濟性受到肯定，才使得銷路急速成長。日本方面，東亞國內航空（現在的JAS）曾經引進。

波音777

日本的飛機廠商參與製造的777，啟動客戶群的成員之一ANA等廠商也參與開發。當初的角色是用於補充747的不足，但是在777-200ER及777-300ER登場之後，也投入長程國際航線執飛，從此開拓了雙發機時代。

上旗艦機的寶座。A300在歐洲的長程航線、北美的大陸橫越航線大肆活躍，開拓了今天的雙發廣體機全盛時代。

空巴充分運用歷經艱辛才開發成功的A300，把優異的基本設計及泛用性作為後續A310、A330、A340的設計基礎。A300和A310擴大了雙發廣體機的可能性，把廣體機使用者含括進來。為了與其對抗，波音推出它的第一架雙發廣體機767。藉由高科技機767和A310這兩個機型的實績，把雙發廣體機的可能性擴展到長程國際航線。乘著這個氣勢，於1994年登場的就是大型雙發廣體機777。

波音以協同作業的口號集結世界多國的廠商共同開發出777，從誕生起就被全球的航空公司作為旗艦機，登場至今30多年，始終穩穩地端坐在這個寶座上。而2011年上市的中型雙發廣體機787，可以說是承擔波音未來的新世代高科技機，如今以其技術的先進性和777並列為波音的兩大招牌。777和787合作無間地在不同市場開疆闢土，建構了當今波音的基盤。

另一方面，空巴一向採取大幅度開發的作風，既有世界最暢銷的高科技小型客機A320，也有比747更大的巨型機A380，現在則一改A300的風格，推出了邁向下一代的大型雙發廣體機。A350XWB以超越787高科技機的身分，在市場的萬分期待下，於2013年隆重登場，逐漸成長為各國旗艦航空業者的旗艦機，以及空巴本身的旗艦機。

像這樣回顧旗艦機的變遷史之後，就可以知道每個機體都是藉由深入的洞察力預見時代的變化，在最初的設計中就賦予符應的順應性，以及不會隨著時代變化而褪色的強烈個性。最新的旗艦機A350XWB和777、787也會是帶有這種旗艦機基因的長壽機型吧！想像一下這三個機型可能會如何演化，以及未來會有什麼樣的次世代旗艦機登場，不是很有趣嗎？

波音787　787藉由它的泛用性和高性能成為熱銷機型，ANA是全球第一個營運者。雖然是中型機，但對於許多航空公司而言，地位卻如同旗艦機一般。

空中巴士A350XWB　原本是打算開發A330的改良型，但改良方案未能獲得客戶的支持，因此重頭開始設計全新的機型，最後開發出A350XWB。這個機型不只能對抗當初被視為競爭對手的787，也能與更大型的777一較高下，因此銷路長紅。

促使雙發機躍進的限制放寬
長程航線的營運規定「ETOPS」

經濟性優異的雙發廣體機，將曾是長程國際航線主角的四發機和三發機逐出市場。
這背後有個因素，就是「ETOPS」的延長。
規定雙發機的營運限制的「ETOPS」規定究竟是什麼呢？

相片與文= 阿施光南

A300開拓出雙發機躍進的可能性

現代客機絕大多數是雙發機。進入21世紀之後，仍然會製造A380之類的四發客機，是有個背景因素存在，就是客機必須符合一項規定：在起飛途中即使有一具發動機故障也能安全起飛。也就是說，不論是什麼機型的雙發客機，都必須做到只靠單一發動機也能飛行。但像A380如此巨大的客機，並沒有出力夠強的發動機能使其靠一具就能飛行，所以裝配了4具。順帶一提，沒有單發客機，也是因為如果唯一的發動機停擺就無法起飛了。

雙發機如果在需要較大出力的起飛階段，都能只靠單一發動機起飛的話，在巡航途中萬一單側發動機發生故障，也就沒有那麼嚴重。話雖如此，如果剩下的那具也停擺的話，就無法繼續飛行了，必須盡快降落。因此規定雙發客機只能在使用單一發動機能於60分鐘內降落的機場區域內飛行。

假設出發地和目的地間的距離，使用單一發動機飛行要花110分鐘，那麼無論發動機在途中的哪個地方故障，都能在60分鐘內降落於某一邊（出發地或目的地）機場，那就沒有問題。但是，如果是要花150分鐘的距離，則必須確保途中有能夠緊急降落的場地（備降機場，alternate airport）才行。距離拉長的話，就必須確保有更多的備降機場。以各個機場為圓心，從各個機場使用一具發動機飛行60分鐘能夠抵達的距離為半徑，畫出各個圓形區域，航線必須設定在這些圓形區域串連起來的範圍內。

不過，也有像長程海上飛行無法確保途中有備降機場的情況，或是把備降機場串連起來要繞一大段路的情況吧！這樣的航線就需要三發機或四發機了。

不過，三發機及四發機的經濟性遠比雙發機低了許多。以美國最早引進A300（雙發機）的東方航空來說，燃料消耗量約只有先前營運的三星式（三發機）的3分之2。或許有人會說，因為發動機數量變成3分之2，這是理所

當然的。不過座位數只有減少1成左右,所以每座成本確實是大幅降低了。另外發動機減少,連帶整備及備用零組件的成本也會降低。而且並沒有因為是雙發機,可靠度就會比三發機和四發機還差。東方航空是當時美國首屈一指的航空公司,對其他航空公司的影響也很大。從此以後,全世界開始把目光投注在雙發廣體客機。

飛行時間逐漸拉長
新銳機型達到370分鐘

雙發機的經濟性較好,因此任何航空公司都會想運用在更多的航線上,例如長程航線。不過A300(整個1970年代全球唯一的雙發廣體機)的航程並沒有很長。這是因為,反正雙發機並沒有被許可從事長程營運,所以一開始就是針對中短程航線這個市場來打造。

但在進入1980年代後,航程為A300的2~3倍以上的A310和767相繼問世,而且在性能上,也足以營運能賺大錢的大西洋橫越航線。可是大西洋橫越航線無法確保60分鐘可抵達的備降機場。因此在航空公司及廠商的積極推動之下,FAA(美國聯邦航空總署)及JAA(歐洲聯合航空署,轉移為現在的EASA=歐盟航空安全總署)決定,在滿足必要條件的情況下,放寬雙發機在長程營運上的限制。這個規定稱為ETOPS,後面加上的數字表示新許可的單一發動機飛行時間。例如ETOPS-120表示使用單一發動機最多可飛行120分鐘。

不過若要取得ETOPS的許可,必須滿足幾項條件。首先,機體和發動機兩方面的設計和製造都必須具備足以符合ETOPS的可靠度。再者,必須實施比一般飛航更嚴格的檢查和整備等等,製作飛行計畫的簽派員(dispatcher)和機師也必須接受ETOPS的訓練。例如,雖然是已經取得ETOPS許可的飛機,但如果駕駛的機師並沒有接受過ETOPS的訓練,便不能執飛ETOPS。

■ ETOPS的概念圖

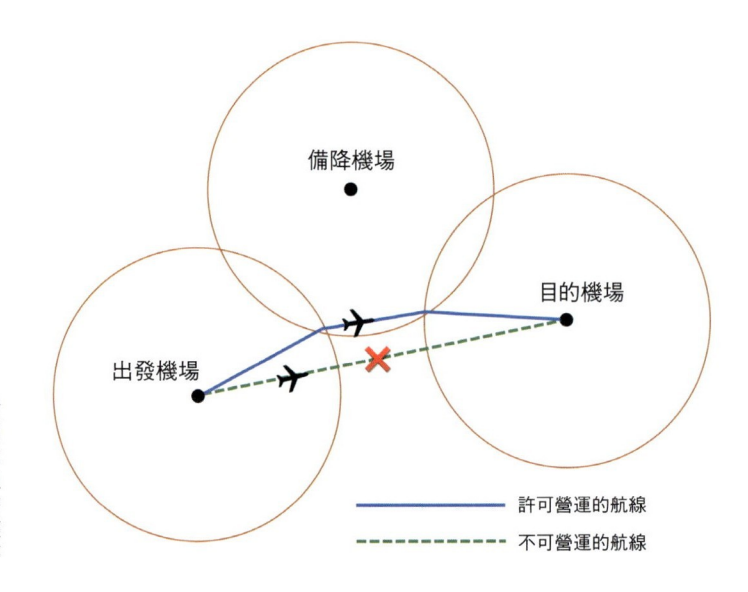

雙發機使用單一發動機可以飛行的時間為既定,只能在機場為圓心、飛行時間為半徑的圓連接在一起的範圍內設定航線飛行。通常是半徑60分鐘的圓,但如果符合ETOPS,可以把這個圓的直徑擴大。如果即使如此仍然連接不起來,則在途中設定備降機場。

備降機場

出發機場　　　　　　目的機場

―――― 許可營運的航線
------- 不可營運的航線

97

■ ETOPS的概念圖

(惡劣天氣)
備降機場A
目的機場
出發機場
備降機場B

——— 許可營運的航線
------- 不可營運的航線

依據ETOPS的規定，如果途中的備降機場不是全都處於能用的狀態，就不能飛航。如果因為天氣惡劣等因素導致備降機場（A）關閉，就必須設定另一個備降機場（B），把圓形區域連接起來。如果還是沒有辦法，就不能出發。

此外，如果是新型機的話，首先也必須證明是否能夠符合ETOPS的可靠度。因此全球最早取得ETOPS-120許可的767，在此之前必須累積長期營運的實績。不過後來製造的777，在進行取得型號認證的測試中，也一併驗證了與ETOPS有關的可靠度，所以從一開始就取得ETOPS營運的許可。之後的787和A350也一樣。

隨著機體的可靠度提高，ETOPS所規定使用單一發動機能夠營運的時間也逐漸拉長。1985年拉長到ETOPS-120，1989年拉長到ETOPS-180，1999年拉長到ETOPS-207，而現在A350-900已經拉長到ETOPS-370。這麼一來，可以說再也沒有雙發機不能營運的航線了。

不過，ETOPS的時間越拉長，整備就越要求高水準等等，導致營運成本比非ETOPS機還要高。因此航空公司會採取變通的做法，即使是同樣的機型，也只有必須做長程營運的機體才會去申請ETOPS的許可。取得許可的機體，在機首或前起落架的艙門等處，會有「ETOPS」的標誌。

如果不是已經取得ETOPS許可的機體，就不能執飛必須做長時間海上飛行的長程國際航線。777、787和A350等現代雙發機的可靠度大為提升，使用單一發動機能夠飛行的時間因而拉長，所以能夠投入絕大多數的航線。

長程航線的營運規定「ETOPS」

ETOPS機的整備等要求條件比一般機體嚴格，不是各個機型，而是每個機體都要取得許可。因此，許多ETOPS機會在機首部位等處標記「ETOPS」的字樣。相片所示為ANA的767-300ER。

ETOPS最初是以雙發機為前提，現在則把對象擴大到三發機以上。ICAO把類似的概念稱為「EDTO」，也有航空公司在機體標記這個字樣。相片所示為濟州航空的737-800。

與時俱進的ETOPS的規定和概念

根據ETOPS，雙發機也可以像三發機以上的客機一樣從事長程營運。但是，ETOPS也有其獨特的限制。例如，在飛行中如果只剩單一發動機能用的話，必須能在規定時間內降落於備降機場。因此在製作飛行計畫的階段，不僅出發機場和目的機場的天氣，還必須連途中備降機場的天氣狀況等都沒有問題，才能出發。而三發機和四發機的營運，對途中機場的天氣則不太需要在意。

此外，即使已經在飛行中，也必須持續注意備降機場的天氣變化。如果因為天氣惡化導致備降機場無法使用，就會無法符合ETOPS。為了防備這種狀況，一般的做法是儘量多準備幾個備降機場，即使有一個機場臨時不能使用，還可以拿其他機場來褫補。話雖如此，不是每次都能剛好確保備降機場。這也是四發機的營運不太需要關注的事情。

順帶一提，ETOPS的規定內容，除了允許使用單一發動機可以飛行的時間之外，也隨著時代的演變而變化，這個名稱原本是「Extended-range Twin-engine Operational Performance Standards」（雙發動機延程飛行操作標準）的意思，但依此要求的可靠度和安全性等概念，後來也擴展到新製造的三發以上客機。EASA將其稱為LROPS（Long Range Operational Performance Standards，長程飛行操作標準），FAA雖然沿用ETOPS這個名稱，但是意思變更成「ExTended OPerationS」。而且現在ICAO（國際民航組織）提出了類似的新概念EDTO（Extended Diversion Time Operations，延展轉降時限作業）。目前已經可以看到有好幾家航空公司在機體上標記「EDTO」的字樣。話雖如此，LROPS這個名稱並不普遍，也有人把EDTO依舊稱為ETOPS（原本唸起來就很相似）。不過只要知道代表的意義擴展到越來越大的範圍，這樣就可以了吧！

99

客機不僅性能上的進化
777及787、A350及A330
限定證照共通化的好處

航空公司彈性運用多個機型,以便因應多種航線的需求。
但是問題在於若要駕駛客機,必須持有各個機型的限定證照。
所以機型越多,機師也要隨之增加,航空公司的負擔也就越大。
因此近年在開發客機的時候,十分重視即使不同機型也能獲取駕駛艙和操縱系統的共通證照。
777及787、A350及A330就是獲取共通證照的例子。

文= 阿施光南

各個機型的限定證照
成為航空公司的巨大負擔

要駕駛客機,必須持有各個機型的限定證照(type rating,機型檢定)。因為各種客機的尺寸和形狀不同,操縱起來會有不一樣的感覺,駕駛艙的儀表及開關的配置、操作順序也各自不同。

不過想要取得限定證照,需要好幾個月的訓練,對於航空公司是個很大的負擔。這個負擔不只是實施訓練所花的直接費用而已,因為受訓中的機師無法執飛營業中的航班,必須預先備妥足夠的機師補足缺額才行。如果駕駛證照能夠

通用，就不需要這樣的訓練了，或者只需極短的時間就能完成。

此外，從製造廠商的角度來看，如果使新型機的駕駛證照和舊型機共通，藉此減小航空公司的負擔，在銷售面也會比較有利。話是這麼說沒錯，不過即使是同一系列，有可能只是變更一下駕駛艙，就無法獲取共通證照。但若因為這樣一直故步自封，未能反映技術的進步，也會失去競爭力。例如，737有基本型、經典型、NG、MAX這四個世代，但每次變更機型時，都會謹慎地探索可被認為「能夠同樣駕駛」的範圍。

1967年登場的737基本型，是百分之百的類比式駕駛艙。但是在737經典型登場的1984年，採用數位化系統的767和A310已經登場了，如果維持老系統，顯然不是任何一種新型機的對手。因此，737經典型只把類比式的ADI（attitude director indicator，姿態指示器）和HSI（horizontal situation indicator，水平狀態指示器）以及發動機儀表數位化，顯示方式則與類比式儀表相似，讓機師容易適應。儘管採納了新東西，但仍然企圖盡量做到「若只是這個程度的差異，應該會被認為是一樣的吧」。

然而，到了第三代的737NG登場的1990年代，所有的新型機全都採用完全的玻璃駕駛艙，競爭對手A320當然也是完全的玻璃駕駛艙。因此，波音也把737裝配與777相似的玻璃駕駛艙，但若直接這樣做可能無法獲取共通證照，便特地把電子顯示器維持採用機械式儀表的顯示方式。不過，後來對顯示方式的規定有放寬，2016年登場的737MAX，就變更成與787相似的大型顯示器。

■ 波音737NG

737的第三代737NG的駕駛艙。玻璃化駕駛艙的外觀感覺上和777的駕駛艙極為相似，但為了維持和傳統型737證照的共通性，顯示器也安裝了能夠顯示機械式儀表的系統。

■ 波音767

767的駕駛艙。767是半廣體機，但是和配備相同駕駛艙的窄體機757是姐妹機，駕駛證照也共通，開創了時代的先例。

逐漸推進共通化的客機機型檢定證照

有像737這樣即使是同一系列，也要費盡心力才能獲取共通證照的情況，也有雖然不同機型卻能獲取共通證照的情況。最早的嘗試是757及767，在相同尺寸的機體（但機身直徑不同）設置相同的駕駛艙，所以能夠獲取共通證照。

另一方面，空巴則是把尺寸和發動機

■波音787

■波音777

787的駕駛艙（上）和777的駕駛艙（下）。顯示器畫面的尺寸和配置不同，導致外觀上給人不一樣的印象，但基本機能及操作方法的共通性極高，因此也獲得限定證照的共通化許可。

數量都不同的機型，設置相同的駕駛艙。也就是說將小型雙發A320的駕駛艙，沿用到中型雙發的A330和中型四發的A340，操作順序也相同。例如，在此之前的客機，起動發動機的順序各自不同，但A320進行了自動化，只需簡單的開關操作就能啟動發動機。雖然A330和A340裝配了不同的發動機，但各種發動機的差異是由電腦加以判斷後執行，所以機師仍然只要實施簡單的共通操作即可。

當然，由於機體規模和發動機數量不同，無法獲取共通證照，但機師一旦取得了某種空巴飛機的證照，只須接受極短期的訓練，就能取得其他操作方法共通的空巴飛機證照。這稱為CCQ（cross crew qualification，交互組員證照），也適用於其後登場，駕駛艙配置不同的空巴飛機。

777及787、A330及A350雖然都是配備不同駕駛艙的不同機型，但也獲取了共通證照。因為這些機型雖然駕駛艙的配置不同，但操作順序共通。而且因機體尺寸大致相同，所以被認定「能夠同樣地駕駛」。

儘管如此，也不是有共通證照就能自由地駕駛這兩種客機。例如，787裝配了把飛行數據投影在正面螢光幕上的HUD（抬頭顯示器）作為標準配備，但777沒有。因此持有777證照的機師若要駕駛787，必須接受以此項差異為中心的訓練。然而如果已經取得了787的證照，原則上就不能再駕駛777。並不是因為取得了787的證照，所以777的證照就會失效，而是為了避免人為失誤，所以限制同時期可以駕駛的機型。若要再次駕駛777，必須再次接受777的復職訓練。

不過，有些國家制訂了MFF（mixed fleet flying，混合機隊飛行），允許在同一時期可以駕駛極為相似的機型。日本也在2019年4月修正航空法施行細則（通告），允許同時期最多可以駕駛兩種機型。

允許駕駛兩個不同機型的MFF對組員和航空公司雙方都有利

依據這項修法，JAL率先實施777及787的MFF，ANA也跟著實施A320及A380的MFF，成為全球第一個允許機體規模完全不同的A320及A380認可

限定證照共通化的好處

MFF。

對於MFF組員的要求非常嚴格,除了必須具備機長的經驗之外,還必須接受訓練以維持兩個機型的證照,如果有其中任何一種機型審查不合格,兩個機型都不能駕駛。另一方面,好處是可以均衡地累積機師的經驗,航空公司也能彈性而有效率地安排機師的勤務。

例如,ANA的A380只投入檀香山航線,機師很難累積多樣化的經驗。JAL也是一樣,787在2019年之前只投入國際航線,無法像國內航線這樣獲得較多的降落經驗。但如果能夠同時駕駛也在國內航線執飛的A320及777的話,便可均衡地累積飛行時間、降落次數、多樣化的航線及機場的經驗。

此外,JAL正在把主力機從777移轉到A350,777的數量會逐漸減少。以前隨著機數減少,必須嚴格地進行組員的機型移轉。如今只要善用MFF,便能使移轉具有一定彈性。

空巴CCQ(交互組員證照)的移轉訓練日數例子

移轉機型	訓練日數
A340→A330	2日
A330→A340	3日
A380→A350	5日
A320→A330/A340	7日
A320→A350	11日
A320→A380	15日

日本許可的MFF(混合機隊飛行)的機型及實施例子

機型	實施航空公司
777、787	JAL、ANA
A320、A380	ANA

■ 空巴A320

■ 空巴A330

■ 空巴A350

A320(上)、A330(中)、A350(下)的駕駛艙。A320是窄體機,A330是廣體機,但駕駛艙極為相似,乍看之下不會發覺有什麼不同。A350已經做了加大顯示器等方面的改良,但操縱系統仍保有高度的共通性。

全球關注的話題

旗艦機外傳
波音777 與 空巴A350

波音777與空巴A350被世界各國的航空公司列為旗艦機而活躍於天空。
兩者都是熱銷機型，數量非常龐大。
而且，運用於航空公司以外的領域，例如政府專機及技術驗證測試機等情況也越來越多。
本文收集了關於兩個機型的熱門話題，讓我們一起來看看吧！

文=AKI

Boeing

Airbus

對於最新技術的開發貢獻良多的環保驗證機

波音 777篇

作為環保驗證機使用的N772ET，是原中國國際航空的777-200。被運用於進行各式各樣的飛行驗證測試。

　　環保驗證機（ecoDemonstrator）是波音於2012年成立的飛行測試研究專案。波音並不是自家公司擁有特定的環保驗證機去進行飛行測試，而是使用航空公司的機體或交付前的機體。截至目前為止，總共有9架機體曾經作為環保驗證機使用。以機型別來看，777有3架、787及737各有2架、757及巴西航空工業的E170各有1架。也就是說，截至目前為止，被拿來作為環保驗證機的機型以777最多。

　　777最早被拿來作為環保驗證機的機體，是2017年交付FedEx的777F，註冊編號為N878FD。2018年，波音拿這個機體作為環保驗證機使用。環保驗證機會同時實施與各種技術有關的飛行測試，N878FD實施的測試包括AFIRS（automated flight information reporting system，自動飛行資訊報告系統）、推力反向器、先進材料等共35項以上的技術。其中特別引人注目的是，提供GE90發動機的奇異（GE）和波音共同實施民用客機（貨機）第一次100％SAF（sustainable aviation fuel，永續航空燃料）的飛行測試。當時所使用的SAF，是目前最常使用以廢食用油及植物油為原料的氫化植物油（HEFA，hydroprocessed esters and fatty acids，氫化酯及脂肪酸），由德州的艾皮克燃料（EPIC Fuels）供應。

　　第二架777環保驗證機是2001年6月交付中國國際航空的B-2068，從2018年夏季起保存在北京首都機場。波音於2018年底取得這架777，隨即於2019年作為環保驗證機（N772ET）進行多達53項技術的飛行測試。具體來說，進行包括形狀記憶合金、適用於新世代通訊技術的EFB（electronic flight bag，電子飛行包）、利用紫外線自動殺菌的自動洗淨化妝室等等的飛行驗證。

　　最新的環保驗證機是波音於2022年1月取得的777-200ER（N861BC）。這個

機體是2002年秋季交付新加坡航空的777（9V-SVL），2021年初之前租給蘇利南航空。2022年至2024年期間作為環保驗證機使用，進行SAF的飛行測試、適用於100％SAF的光纖燃料計感測器研究、使用40％回收碳纖維及60％生物基樹脂製成貨艙用牆板等飛行測試。使用777作為環保驗證機，對於最新技術的開發也有不少貢獻。

名符其實的「飛翔的豪華郵輪」可惜轉為杜拜的VIP機

777-200LR「水晶天際1號」原本是備受期待的「飛翔的豪華郵輪」，但是只營運了一小段時間便賣給杜拜了。

搭乘豪華郵輪遨遊四海，可能是許多人夢寐以求的旅行吧！水晶郵輪公司（Crystal Cruises）就是提供這種旅行的公司之一。原本是日本郵輪於1988年設立的郵輪公司，但在2015年賣給香港的旅遊休閒企業雲頂香港（Genting Hong Kong），再於2022年成為義大利富豪等人所擁有的A&K旅遊集團（Abercrombie & Kent Travel Group）旗下的企業。

水晶郵輪在雲頂香港的時代，企圖在空中也提供和豪華郵輪相同的服務，於2015年設立水晶豪華航空（Crystal Luxury Air）營運私人及商務噴射機，開始營運可乘坐12名旅客的龐巴迪環球快車（Bombardier Global Express）。不過，即使它是商務噴射機中最高等級的超長程機，但是乘客數只有12名，以空中豪華旅遊來說稍嫌不足。因此在2017年，命名為「水晶天際1號」（Crystal Skye）的波音777-200LR登場了。

777-200LR的標準座位數為3級艙等約300座，最多可達440座，但「水晶天際1號」為了符合豪華郵輪旅遊的形象，只設置了88座。機內有酒吧及交誼室，座位的規格和頭等艙一樣舒適。搭乘豪華777前往世界各地旅行，

正是「水晶天際1號」的概念。

成為世界第一架所謂「飛翔的豪華郵輪」的「水晶天際1號」，在2011年夏季交付法屬留尼旺的南方航空，2015年秋季註冊在總部設於瑞士蘇黎世的逸華航空子公司，專門從事VIP機的營運等業務的逸華阿魯巴島航空，編號為P4-XTL。所以，負責營運「水晶天際1號」的公司應該是逸華阿魯巴島航空。營運目的地遍及全球，不只北美、歐洲，還包括印度、澳洲、中國、日本（羽田機場、中部國際機場等）。

讀者是不是會因此認為飛翔的豪華郵輪的時代終於來臨了呢？遺憾的是「水晶天際1號」並沒有營運很久。或許是受到新冠肺炎疫情的影響，2022年賣給了專為阿拉伯聯合大公國王族提供飛航服務的杜拜皇家航空聯隊（Dubai Royal Air Wing）。這也可以說是豪華的「水晶天際1號」完美轉身處，但是從2023年春季起，被存放在以VIP機改裝而聞名的瑞士巴塞爾。或許會在不久的將來，成為杜拜皇家航空聯隊的VIP機而開始活躍吧！

俄烏戰爭長期化會導致什麼結局呢？
俄羅斯的777

波音777系列也在俄羅斯的國內航線及國際航線相當活躍。俄羅斯曾經營運777的航空公司，有旗艦交通業者俄羅斯航空、俄羅斯航空集團旗下的俄羅斯國家航空、北風航空、伊卡爾航空、藍色航空、紅翼航空、維姆航空、俄羅斯皇家航空、全祿航空，多達9家。其中，營運最多777系列的是俄羅斯航空的24架，其次是全祿航空及維姆航空各有14架，再次是俄羅斯國家航空有12架。全祿航空於2015年10月停止營運，2019年3月之前全部飛機註銷。另外，維姆航空也在2017年10月停止營運，所以總共有28架777系列改由俄羅斯的其他航空公司營運，或租給俄羅斯國外的業者。總之，截至目前為止，俄羅斯引進了70架以上的777系列（大多為租賃）。

俄羅斯航空的777-300ER在新冠疫情之前一直都執飛日本航線。

俄羅斯國家航空的777-300ER。俄羅斯還有其他許多家公司在營運777。

如上所述，在俄羅斯勢力龐大的777系列，從2022年俄羅斯入侵烏克蘭後風雲變色。西方各國持續向俄羅斯進行制裁，俄羅斯也就無法獲得對波音飛機的支援。對於航空公司來說，無法獲得產品支援及MRO（maintenance, repair and overhaul，維護、修理與翻修）等的支援是一大致命打擊。尤其在既定的飛行時間內必須更換許多零件的發動機，更是航空公司最重要的問題，因為這將危及最重要的飛航安全。

但是，俄羅斯還面臨一個更頭痛的問題，包括777系列在內的西方飛機，絕大多數是租賃機。由於俄羅斯受到制裁，租賃公司想要取回機體，但俄羅斯可沒有如此輕易地放手。儘管完全違反契約，俄羅斯卻仍把機體留置在國內，打算把一部分機體拆除零件用來修補其他機體，還另外從西方以外的國家取得零件，以便繼續營運777系列。

在俄羅斯執飛的777大多註冊在英屬百慕達，但百慕達航空當局已經停止在該國註冊的俄羅斯飛機的適航證書（AC，airworthiness certificate）。而俄羅斯採取的對策是修改航空法，使機體能在俄羅斯國內取得適航證。而且，俄羅斯總統普丁簽署了一項扣押相當於10億美元的外國商用機相關法律，2022年春季把原本在百慕達註冊的機體改為在俄羅斯註冊。這是多麼霸道啊！

結果，模里西斯的租賃公司等許多企業因此無法取回租賃機，其中也有俄羅斯這邊購入租賃機的例子，仍然有許多租賃機繼續在俄羅斯的天空飛翔。另一方面，也可以看到荷蘭埃爾凱普控股（AerCap Holdings）、航空資本（Aviation Capital）、三菱商事與長江實業的合資企業AMCK航空（AMCK Aviation）、杜拜的DAE資本（DAE Capital）等大型業者取回租賃機的案例。

2024年初在俄羅斯的航空公司註冊的777系列，俄羅斯航空有22架777-300ER、俄羅斯國家航空有10架777-300、北風航空有5架（3架777-200、2架777-300ER）、紅翼航空有3架777-200ER、伊卡爾航空有1架777-200、藍色航空有1架777-300ER，總共42架。以往在俄羅斯飛行的777系列之中，有半數以上仍然留在俄羅斯。

航空市場持續擴大的大國印度 意外地少有777活躍

2023年4月底，印度的人口終於超越中國，成為世界第一。印度的總人口約14億2577萬人，占全世界人口的17%左右。這麼一來，波音、空中巴士、巴西航空工業當然要對印度市場多下點工夫。2023年6月，塔塔集團（Tata Group）旗下的旗艦交通業者印度航空一口氣訂購了440架波音及空巴的飛機，令全世界為之震驚。2024年初，JAL集團的註冊機數為213架，ANA集團的註冊機數為285架，兩個集團合計的營運機數和印度航空的訂購機數差不了多少。而印度最大的航空公司靛藍航空，現在的註冊機數為355架。

既然這樣，我們就來關注一下印度的777系列。出乎意料地，在印度註冊的777系列只有區區27架而已。其中有2架是曾經多次飛到日本的印度政府專機（777-300ER，K7066及K7067），不過近來在日本越來越少看到了。這2架稱為「印度航空一號」（Air India One），除了羽田機場和關西機場之外，也曾經飛過廣島。只限於總統、副總統、總理能夠使用，依據搭乘的人是誰，分別給予「VIP-1」、「VIP-2」、「VIP-3」的呼號（call sign）。

順帶一提，這2架原本是由印度航空營運的純民用機，後來為了當作政府專機而全面改裝。首先，為了防禦飛彈襲擊，裝配了大型飛機紅外線反制裝置（LAIRCM，large aircraft infra-red counter measures）和美國的「空軍一號」VC-25A也有裝配的自我防護套件（SPS，self-protection suite），並且裝配了密碼化的衛星通訊及防備EMP（電磁脈衝）的電磁防護罩等等，線圈的長度是一般777的兩倍。由印度空軍負責營運。

另一方面，民用航空公司的印度航空註冊了23架777系列，並且訂購了10架777X。還有過去曾經使用過的11架退役機。靛藍航空在2023年5月至6月期間，從土耳其航空租了2架777-300ER，原本是埃爾凱普控股要租及預

多次飛抵日本的印度政府專機777-300ER。2023年的廣島G7高峰會議時也曾飛抵日本。

由於經營不善而停止營運的捷特航空777-300ER。該公司打算重整，所以777的動向也備受注目。

計畫租給俄羅斯的藍色航空，結果因為俄羅斯入侵烏克蘭，導致印度最大的航空公司接收了777。

不過，印度還有另外2架已經註冊的777-300ER，原本是2019年春季停止營運的捷特航空的機體。捷特航空從2020年開始著手重建，但狀況依然嚴峻，預定2024年底重啟營運，目前大家仍然在關注這2架已經註冊的777-300ER未來動向。

使用特殊薄膜降低空氣阻力
蒙上「鯊魚皮」的777

2022年10月，ANA發表了特別塗裝機「ANA Green Jet」（全日空綠色噴射機）。現在，總共有3架在飛行，包括2架787及1架Q400。「ANA Green Jet」的表面蒙上了由尼康（Nikon）獨自開發的螺紋膜（riblet film），進行耐久性等的評估，這種薄膜可藉由降低空氣阻力而提升燃油效能、減少二氧化碳排放。JAL也和JAXA（日本宇宙航空研究開發機構）、奧唯（O-WELL）、尼康合作，把這種在塗膜上製造溝槽紋的薄膜運用在737NG上，並於2023年11月宣布進行全球首次測試飛行。

這個螺紋膜是一種利用仿生學（biomimetics）技術，模仿鯊魚利用體表皮膚形狀降低水的阻力而開發的薄膜，因為被運用於競賽用的遊艇而受到注目。以前曾經有多家航空公司進行過螺紋膜的測試飛行，但還沒有將其運用於大型機777的例子。2022年12月，漢莎科技（Lufthansa Technik）宣布將其和巴斯夫（BASF）合作開發的螺紋膜，塗裝在瑞士國際航空的777-300ER、漢莎貨運航空的777F上，並命名為「空中鯊魚」（Aero-SHARK）。BASF開發的這個薄膜正式材料名稱為「Novaflex Sharkskin」，其中也有「Shark」這個字。

瑞士國際航空於2022年8月以該公司的777-300ER（HB-JNH）為對象，把機身和發動機莢艙大約950平方公尺的面積塗裝了「空中鯊魚」，在9月實施數次的測試飛行，結果得知777-300ER可望減少1%多的燃料。不過，由於飛機講求安全第一，塗裝「空中鯊魚」飛行還是必須取得補充型別檢定證

裝配「空中鯊魚」測試用的瑞士國際航空777-300ER（HB-JNH）。

（STC，supplemental type certification）。「空中鯊魚」在取得EASA的STC後，於2023年初起塗裝在瑞士國際航空的777-300ER上飛行。

如果未來瑞士國際航空和漢莎貨運航空的所有777系列都塗裝「空中鯊魚」的話，光是漢莎集團一年就能減少2.5萬公噸以上的二氧化碳。此外，在BASF當初進行的模擬中，如果把「空中鯊魚」的塗裝面積最大化，則可望減少3%左右的二氧化碳。

把「空中鯊魚」安裝到機體上的作業場景。

NASA的「空中科學實驗室」後繼機為原JAL的777-200

NASA有一架飛機專門用於實施各種技術的飛行驗證測試，稱為「空中科學實驗室」（Airborne Science Laboratory）。

現在的「空中科學實驗室」是1969年交付義大利航空，1986年在NASA註冊的道格拉斯DC-8（N817NA）。為55年前製造，NASA已使用超過38年。而且現在仍在營運的DC-8，除了這架NASA機之外，實質上只有緊急援助支援團體撒馬利亞救援會（Samaritan's Purse）的另1架而已。這架DC-8以人類來說即將邁向耳順之年，2023年還

被NASA作為「空中科學實驗室」使用將近40年的DC-8。

JAL舊塗裝時代的JA704J。曾經貼上特別的轉印貼紙，作為寰宇一家的特別塗裝機。

存放在南加州運輸機場的大批機體。其中也有5架JAL的777併排著，右邊近側的機體即為JA704J。在大多數機體都會被拆解的狀況下，能夠被轉送到活躍的場域應該算很幸運吧！

執行了搭載SAF的737-10排氣成分測定，但確實很難再繼續使用了。因此被選中作為後繼機的候選者，就是原JAL的777。

2023年11月12日，JAL的777-200完成最後一次飛行任務。已註冊的26架當中，原JA704J早已確定作為下一任的「空中科學實驗室」。這個機體在JAL舊塗裝時代的2007年春季到2008年秋季期間，曾經作為「One World」（寰宇一家）的特別塗裝機而飛行。但是和一般的「One World」機不同，它是少數在機身後方做地球網路化設計的特別塗裝機。

這個機體於2020年5月底退役，其後被運送到南加州運輸機場（Southern California Logistics Airport），亮著JAL的鶴丸標誌塗裝和眾多飛機並排存放。2022年12月15日運送到維吉尼亞州的蘭利空軍基地（Langley AFB），在這裡改裝成「空中科學實驗室」，並於2023年9月由NASA註冊為N774LG。這是取得該機體的物流航空（Logistic Air）的註冊編號。

DC-8的機身為金邊黑線，尾翼繪有NASA的標誌塗裝，後繼機777會改裝成什麼樣的風格呢？會以什麼樣的塗裝亮相呢？大家都在引頸期盼著。

作為球隊專機的廣體機 使用777-200前往各地比賽

2023年，日本棒球選手大谷翔平大顯身手的世界棒球經典賽（WBC）及美國職棒大聯盟（MLB）、足球、籃球等運動界盛況空前。北美的四大職業運動聯盟：NFL（國家美式足球聯盟）、NBA（國家籃球協會）、MLB、NHL（國家冰球聯盟）當中，其中尤以NFL的人氣最為旺盛。以亞利桑那州格蘭岱爾（Glendale）為基地的亞利桑那紅雀隊（Arizona Cardinals）就是NFL的球隊之一，創立於1898年，從1920年開始參加NFL的賽事。遺憾的是，這幾年戰績萎靡不振，但有一點很厲害，就是載著他們南征北討的專機，竟然是777-

NFL的紅亞利桑那紅雀隊作為球隊專機使用的777-200ER（N777AZ）。以前由卡達航空營運。

200ER。在歐美的職業運動界，擁有專機的球隊不在少數，但使用777-200ER的球隊只有亞利桑那紅雀隊。

以球隊專機出名的，是2024年大谷翔平轉隊的MLB的洛杉磯道奇隊（Los Angeles Dodgers）。道奇隊曾經使用過的專機有康維爾（Convair）的CV-440、道格拉斯的DC-6、洛克希德的「伊萊克特拉」（Lockheed Electra）、波音720。但是，現在並非自己擁有專機，而是使用包機。另一方面，亞利桑那紅雀隊則是刻意把777（N777AZ）繪上自家球隊的塗裝，在職業運動界的存在感也高了一個層次。

這架777是2002年3月交付達美航空的原N867DA，2021年12月由亞利桑那紅雀隊註冊，同月17日從德州福特沃斯聯盟機場（Perot Field Fort Worth Alliance Airport）運送到亞利桑那州鳳凰城。2023年10月註冊為現在的編號。在達美航空的時代，設置了商務艙28座、豪華經濟艙48座、經濟艙220座，合計296座。到了亞利桑那紅雀隊之後，改裝成頭等艙28座、商務艙48座、經濟艙212座，共計288座，感覺提升了一級。不過，達美航空時代的商務艙座位「至臻商務套房」（Delta One Suite）仍然保留使用。

亞利桑那紅雀隊的777由噴射航空飛行服務（Jet Aviation Flight Services）負責營運。該公司是通用動力（General Dynamics）的子公司，總部設在瑞士巴塞爾，是營運商務噴射機及公務噴射機的老手。不過這架777的飛行次數並不多，所以也是難得一見的稀有機體。

777一度被列為新世代空中加油機的後繼機候選

距今大約17年前，美國空軍研究如何以「高低配」（high-low-mix）的組合方式運用空中加油機。具體來說，就是考慮跨越太平洋及大西洋的任務，使用以777為基礎的KC-777空中加油機，其他大多數任務則使用KC-737

美國空軍的主力空中加油機KC-46。一度傳言要開發KC-777，但因為超規格，開發的風險太高，所以一直沒有採取具體的行動。

或KC-130。據說是當時有人想要避開以運用超過25年的767為基礎的KC-767。

但以運輸機用途來說，777可以使用棧板及貨櫃，737則基本上為散裝，兩者並不相同，KC-777的開發費用比較高。當時，知名的航空顧問機構蒂爾集團（Teal Group）的榮譽高級顧問阿波拉菲亞（Richard Aboulafia）表示：「KC-777從技術面及運輸能力的觀點來看十分優異，但明顯是超規格的機體。」

從性能來看，KC-767的最大起飛重量為400000lb（約181公噸），而KC-777為750000lb（約340公噸），高達1.9倍。此外，在燃料裝載量方面，KC-767為200000lb（約91公噸），而KC-777最多為350000lb（約159公噸），達到1.75倍左右。KC-777能夠載送的士兵人數為320名，是KC-767的1.6倍。能夠裝載的棧板數為37片，將近其2倍。當然，酬載比較大，航程也比較長。順帶一提，同樣以767為基礎而開發的KC-46A，最大起飛重量約188公噸，燃料裝載量為96公噸，可以搭載人員的座位數最多114座，棧板數為18個，因此基本上和KC-767約略是同一等級。

KC-777的性能大大超越KC-767，但因為是超規格，問題在於開發成本和價格比較高。對於這一點，不只採購的空軍這邊，就連開發、量產的波音這邊也是有風險。事實上，以767為基礎的KC-46專案，從2015年一號機首次飛行以來，一直處於赤字狀態，到2023年初為止，累積赤字達到大約66億美元。和737MAX及777X相比，損失金額還算小，但是在業績方面必定會扯後腿。KC-777的成本預期會更高，所以對於開發者而言，也有可能成為令人頭痛的機體。2023年10月，洛克希德馬丁（Lockheed Martin）宣布放棄以A330MMRT參與KC-135後繼機的標案。雖然KC-777也想看看有沒有機會，但目前KC-46A似乎仍在持續引進中。

軟體銀行系列的美國企業
正在展開777的貨機改裝事業

「猛獁象貨機隊」（Mammoth Freighters LLC）這個魅力十足的名稱，是指日本軟體銀行集團（SoftBank Group）的子公司美國堡壘投資集團（Fortress Investment Group）所成立的777系列P2F事業。堡壘投資集團於2017年被軟體銀行以33億美元併購，進行另類投資（alternative investment，以非傳統金融資產為對象的投資）。但在2023年5月，軟體銀行宣布，把堡壘投資集團賣給和勞斯萊斯及川普（Donald Trump）等人也有合作關係的穆巴達拉投資（Mubadala Investment）（總公司在阿布達比）。

這家曾經是軟體銀行系列企業展開的「猛獁象貨機隊」所推行把777-300ER及777-200LR這2個機型改裝成貨機的計畫（777-200LRMF和777-300ERMF），目前已經取得10架原屬達美航空的777-200LR。在改裝作業中，將會拆除座椅、艙頂置物櫃、廁所、廚房等設備，然後強化地板以便承受貨物的重量，裝配用於裝卸棧板、貨櫃等盤櫃（ULD，unit load device）的貨物搬運系統、地板滾輪、消防系統等等。當然，機身側面也必須裝設大型的貨物門。

為了推行這個P2F事業，2021年9月與在德州福特沃斯聯盟機場從事MRO及整修等事業的GDC技術（GDC Technics）合作，擬訂一年改裝12架777貨機的計畫。此外，2022年10月與總公司位於佛羅里達州奧蘭多（Orlando）的STS航空服務（STS Aviation Services）合作，並預定自2024年中期起，在位於英國曼徹斯特的STS進行P2F事業。2022年8月，也與德州的Aspire MRO合作。

啟動客戶是因為新冠疫情而在成田等機場頻繁飛航767貨機，來自加拿大的貨運噴射（Cargojet），2021年11月訂購2架777-200LRMF（一號機為原達美航空的N705DN）。另外，777-200LRMF和777-300ERMF各簽了2架

猛獁象貨機隊的P2F事業，預定打造777-200LRMF和777-300ERMF這兩個機型。

選擇權。此外，2023年4月，DHL快遞（DHL Express）宣布引進9架777-200LRMF；10月，立陶宛的阿維亞融資租賃（AviaAM Leasing）宣布引進6架777-300ERMF。一號機的改裝作業也宣布動工了，但這個機體是空中城堡（Aircastle）租給俄羅斯的北風航空的VP-BJP。只是依照當初的計畫，預定在2023年底取得補充型別檢定證（STC），2024年起開始交付，但目前看來計畫可能會延遲。順帶一提，「猛獁象貨機隊」的改裝貨機的競爭對手，是在2023年11月舉辦的杜拜航空展中，展示改裝貨機的以色列IAI「Big Twin」。

空中巴士A350篇

操縱自動化會實現嗎？使用新銳機實施測試飛行

ATTOL測試飛行所使用的A350-1000測試平台機（F-WMIL）。在不久的未來，飛機的自動化‧自律化將會進步到什麼程度呢？

電動垂直起降飛行器（eVTOL）明明連公路都不能行駛，卻不知道為什麼被誤稱為「空中汽車」（air mobility）。這個所謂的「空中汽車」，將來可能會有自動‧自律操縱的機體登場。實際上，目前歐美正在研究自律飛行，不只是遠距的自動操縱，更要由機體本身判斷周遭狀況安全地飛行。原本研究自動操縱及自律飛行的目的並不是「空中汽車」，而是為了實現民用機與軍用機的單人駕駛。

雖然大型客機的研究尚屬有限，但空巴已經使用最新的A350-1000（F-WMIL）進行了自動滑行、自動起飛、自動降落的測試飛行，這稱為ATTOL（autonomous taxi, take-off and landing）。

2020年夏季完成的ATTOL系統中，運用了電腦視覺（computer vision）與機器學習（machine learning），除了雷達及光達（LiDAR，light detection and ranging，雷射探測與測距）之外，還裝載了許多攝影機。另外，在軟體開發方面，收集了大約450次機師飛行狀況的錄影資料，用它來調整機體控制的演算法（algorithm）。2020年6月做了6次飛行，每次飛行做了5次起飛、降落、滑行。

ATTOL計畫是由在空巴內部負責加速開發未來性革新技術的Airbus Up-

Next主導。除了空巴的工程師及技術團隊之外，還有空巴國防與太空（Airbus Defence and Space）、位於矽谷的創新中心「Acubed」、空巴中國（Airbus China）、法國國家航空太空研究所也參加這項計畫。

Airbus UpNext在ATTOL完成之後，接著進行緊急自動降落、自動改道、自動降落、滑行操縱支援等等的研究，擁有滑行時反應障礙物而發出聲音警告、速度控制的支援、使用專用的機場地圖引導至跑道等機能。這個系統命名為「蜻蜓」（Dragon Fly），從2023年1月開始測試。「蜻蜓」計畫的一部分預算，由法國民航局（DGAC）從在5年內投資300億歐元的「France 2030」計畫中支出。此外，英國的科巴姆（Cobham）、柯林斯航太（Collins Aerospace）、漢威聯合（Honeywell）、達利斯（Thales）、ONERA（法國航空太空與國防實驗室）也參加了這項計畫。未來，將使用A350-1000進行3個月的測試飛行。

使用A350測試平台機研究近未來的客艙

直譯為「天空探險者」的「Airspace Explorer」，是一項為了驗證未來有可能實際運用在客機客艙的技術而成立的專案。因為必須驗證技術，所以當然就需要測試平台機。被選定作為「Airspace Explorer」測試平台機的是

在「Airspace Explorer」專案中用於進行驗證測試的A350-900測試平台機F-WWCF。

裝配各種客艙設備的近未來技術「Airspace Explorer」的機內景象。

空巴A350-900的MSN002（註冊編號F-WWCF）。機身前段上方以從藍色到紫色的漸層描繪出美麗的「Airspace Explorer」標誌圖案。

所謂的新世代客艙技術，究竟是什麼呢？首先是最近10年左右急速發展起來，技術與服務的互聯網。「Airspace Explorer」也適用新世代的「Flex Display」（曲面顯示器）。

「Flex Display」是開發摺疊式智慧型手機等裝置所使用的人機介面（HMI，human machine interface）製品的中國深圳的柔宇科技（Royole），和空巴合作開發的有機電激發光顯示器（OELD，organic electro luminescence display）。非常薄又輕盈，用起來的感覺就像紙一樣，甚至可以說是像書頁一般的iPad吧！也可以像貼紙一樣黏貼使用。不只飛機的客艙，還可以運用於汽車等各式各樣的地方，具有耗電量低，消毒等等也很簡單的優點。把這個最新式的「Flex Display」裝配在A350測試平台機上進行試驗和研究，未來將可裝配在空巴飛機的客艙向旅客提供服務。

此外，客艙專用的物聯網（IoT，Internet of Things）平台能夠即時地連結廚房、餐車、座位、艙頂置物櫃等客艙的核心部位。而且，能讓客艙服務員交換客艙的所有資料，並在智慧型手機等的個人電子裝置（PED，personal electronic device）看到這些資料。不過，也要注意網路安全對策應該如何擬訂。

除此之外，也實施了友善環境的地毯、凹面形狀的窗戶、具有調光機能的窗戶等等各種新世代技術的驗證。友善環境的地毯是使用100%再生尼龍絲製造的地毯，能染成喜歡的顏色。在飛行中，由於大氣壓與客艙氣壓的差異，會使凹面形狀的窗戶變回平坦狀，能夠減少阻力，可望發揮改善燃油效能、降低排放二氧化碳的效果。不過，由於在地面時窗戶會恢復凹面形狀，所以在滑行等時候，拍攝外面的影像或許會受到影響。

另一方面，具有調光機能的窗戶，早在1974年投入營運的法國的達梭水星（Dassault Mercure）就已經採用了。遺憾的是，達梭水星的機體本身以失敗告終。儘管如此，經過半個世紀之後，在利用「Airspace Explorer」進行驗證的窗戶上，再度運用了這項具有調光機能，不再需要物理的遮光板，並且有助於輕量化的先進技術。

外交部長震怒？A340提早退役 德國政府專機改以A350為主力

許多國家都有政府專機。其中，德國空軍所營運的政府專機，在成田機場啟用而將羽田機場起降的國際航線轉移之前，曾經多次飛抵日本。原本是波音707，現在則以A340、A350等空巴飛機為主流。在東西德統一的時候，德國空軍接收了東德的國際航空所使用的圖波列夫Tu-154B，但是不再把這種蘇聯時期的飛機作為政府專機使用。

德國空軍使用的A350政府專機。因為故障導致影響外交行程的A340已經被拋棄了。

現在，德國空軍有16架民用型運輸機註冊，除了7架龐巴迪環球快車之外，其餘9架全都是空巴飛機。不過，這9架之中，不包括經常飛到日本而為日本人所熟悉的A340。事實上，有2架A340在2023年8月18日及21日被德國空軍註銷了。

原本應該有一架在2023年9月，另一架在2024年底退役。但是，2023年8月德國外交部長貝爾伯克（Annalena Baerbock）訪問亞太地區期間，停靠阿布達比加油時，卻發生襟翼故障的問題，導致原訂的行程被迫取消。外交部長一怒之下，把這2架A340提早在那個月內註銷，9月運送到以存放眾多開置飛機聞名的美國新墨西哥州羅斯威爾航空中心（Roswell Air Center）。

結果，德國空軍能夠長程飛行的政府專機只剩下3架A350。這3架是2020年到2023年間交付的機體，其中2架作為政府專機使用，最老舊的一架「10＋03」機，從2023年初起1年間一直存放在漢堡。

德國政府專機A350的內部是什麼樣子呢？內部設置了寬敞的會議室、多功能交誼廳、寢室、浴室、廚房等等。當然，也準備了供隨員使用的舒適座位，最多可搭乘150名。觀察A350內部景象的相片，天花板及牆壁上部統一為白色及象牙色，整體給人明亮的印象。看起來似乎是用於舉行會議的隔間內，座椅、沙發及桌子也都是以白色為基調的設計，內裝非常沉穩。因為是VIP機，所以不只內裝，裝備也和一般飛機不一樣，採用特殊的雷達和通訊系統。為了遞補提前被換掉的A340，德國空軍的A350或許會變得更加忙碌。

制裁的結果，早已「同類相食」俄羅斯航空的A350

如前所述，俄羅斯入侵烏克蘭導致波音及空巴在俄羅斯境內的營運機數減少了。只是，和機數眾多的波音777不同，在俄羅斯營運的A350只有俄羅斯航空的7架而已。這7架在2022年春季被變更註冊為俄羅斯國籍，充分顯

曾經以VQ-BFY的註冊編號飛抵羽田機場的俄羅斯航空A350。這個機體現在可能被用於拆解零組件。

示俄羅斯航空未來將繼續營運這些A350。順帶一提，這7架當中有2架租賃機是日本三井住友集團的飛機租賃公司SMBC航空投資（SMBC Aviation Capital）所擁有。而其中1架於2020年交付給俄羅斯航空，仍然存放在莫斯科的謝列梅捷沃國際機場（Sheremetyevo International Airport）。

2022年8月，路透社引述多位業界人士的談話指稱，由於歐美等的制裁，西方國家製造的飛機不再獲得產品支援，因此俄羅斯的航空公司便從還能飛行的機體拆除零組件來使用。這個時候，俄羅斯航空的A350有2架閒置，其中，前述2020年交付的VQ-BFY（現在為俄羅斯註冊的RA-73157）似乎被用來拆除零組件。當路透社報導這個消息的時候，在開始入侵烏克蘭2天前的2022年2月22日交付俄羅斯航空的VP-BYF（現在為RA-73156），也是存放在謝列梅捷沃國際機場，因此，人們懷疑這架新造機是不是也被用來拆除零組件。不過，後來確認了這架註冊編號改為RA-73156的最新A350已經在2023年5月30日投入航線。由此推測，被用來拆除零件的機體，似乎只有VQ-BFY（RA-73157），但已經變成同類相食（cannibalism）的局面了。

俄羅斯航空的A350在入侵烏克蘭之前也曾飛抵羽田機場，在俄羅斯境內是由俄羅斯航空技術（Aeroflot Technics）負責維修，但今後若來自西方國家的零組件等供應受阻，則A350同類相食的情況極有可能會再擴大。

另一方面，俄羅斯航空訂購了22架A350，但除了現在俄羅斯航空註冊的7架之外，其餘都要被轉賣了。其中4架由土耳其航空取得並成功交付（TC-LGI、TC-LGJ、TC-LGK、TC-LGL）。不過有段時間仍以俄羅斯航空的混合塗裝在執飛。俄羅斯的A350前景依舊混沌未明。

空巴與卡達航空
因為A350的塗裝剝離問題而爭執

2020年底，EASA已經掌握了卡達航空的A350塗裝剝離問題。2021年2

月，漢莎航空的A350才引進4年卻必須再次塗裝。這類A350的塗裝剝離問題，在2022年5月底的時候被大幅報導出來。當時卡達航空的貝克（Akbar Al Baker）執行長突然宣布停止接收空巴飛機。同年8月5日，卡達航空或許是接受該國航空局的要求，將13架A350全部停飛，並且批評空巴「不承認A350的塗裝有問題」。卡達航空表示，已經確認了A350不僅塗裝底層提早劣化導致防雷性能變差，而且複合材料有龜裂。

到了11月底，芬蘭航空、國泰航空、加勒比海航空、營運前的阿提哈德航空，陸續傳出A350的塗裝剝離問題，擴大了航空界的擔憂。但是，空巴主張塗裝剝離純粹只是表面的問題，要求取得獨立機構的法律評鑑。其後，英國的投資大臣格里斯通勳爵（Lord Gerry Grimstone）提出仲裁未果，12月21日卡達航空啟動法律程序，向倫敦高等法院技術建築法庭提起訴訟。

訴訟內容在第二年曝光，卡達航空向空巴要求6億1800萬美元的損害賠償，而且對A350無法營運一事，追加每架每天400萬美元的補償。對此，空巴於2022年1月21日取消卡達航空的50架A321neo的訂單。另一方面，卡達航空則公布了原先未曾公開的A350塗裝剝離的影像，並於1月底向波音訂購最多100架飛機。這次，空巴取消卡達航空的2架A350訂單，事態越來越嚴重。

其後，卡達航空和空巴繼續針鋒相對。2月28日，空巴想向卡達航空要求2億2000萬美元的損害賠償，卡達航空則主張，塗裝剝離導致油箱上用於防護雷電的銅網發生損壞，最壞的狀況下可能引起火災。看來，兩家公司的對立只會越來越惡化。

不料，這個問題突然解決了。卡達航空和空巴達成和解，最後同意在不追究兩家公司責任的形勢下解決問題。放棄法律上的請求並被取消的卡達航空訂單，也在3月初重新度公布訂購清單。不過，由於協議內容並未公

卡達航空是全球第一家從事A350的商業飛航，在許多方面與A350的關係深厚。由於塗裝剝離問題，一度和空巴陷入嚴重對立的狀態。

開，留下了引人猜疑的結局。無論如何，這次的法庭鬥爭顯示出，飛機的塗裝不只是外觀而已，對於性能也很重要。

阿提哈德航空的A350-1000
以淨零碳排放為目標的測試平台機

　　2024年1月15日，阿提哈德航空把空巴A350-1000投入成田航線。現在，阿提哈德航空有5架A350-1000在營運，但2019年5月底交付的A6-XWB成為「Sustainability 50」（永續50）的特別標誌機。這個「永續50」的「50」是指阿拉伯聯合大公國於1971年12月2日脫離英國獨立，即將在2021年迎向50週年，同時也是指阿提哈德航空致力於2050年之前達到二氧化碳淨零排放（net zero emission）的目標。在這一年，阿提哈德航空和空巴、勞斯萊斯攜手合作，成立了「永續50」專案。

　　這架繪有「Sustainability 50」標誌的阿提哈德航空A6-XWB，不單只是繪上標誌的特別塗裝機而已，它也是一架用於驗證各種方法及技術的測試平台機，例如：使用SAF（永續航空燃料）以求削減二氧化碳排放量的推進、機體重量的管理、垃圾的管理、數據驅動型分析方法的開發等等。

　　順帶一提，關於SAF的運用，阿提哈德航空在2023年5月和位於美國華盛頓州摩西湖市（Moses Lake）的CX（carbon transformation，碳轉移）企業Twelve，就國際航線使用SAF一事，簽署了合作備忘錄。此外，Twelve和使用酒精類原料製造SAF（ATJ-SPK）的

以2050年之前達到淨零碳排放為目標的「永續50」。繪有特殊塗裝的A350-1000也被用於進行各種驗證測試。

美國公司LanzaTech締結了合作伙伴關係。今後，A350-1000可能會增加這個SAF的驗證任務。

「永續50」除了減少二氧化碳排放這類地球規模的環境問題之外，也致力於讓利用阿提哈德航空的旅客，能夠體驗更舒適的客艙空間，也就是減低照明所造成的「光害」。A350-1000所裝載的E-BOX機內娛樂系統中，也新裝配能夠應對長程飛行造成時差症候群的深色模式介面。

成為阿提哈德航空的永續技術飛行測試平台機的A350-1000，為航空界的「淨零碳排放」提供了巨大的貢獻。

中國也有A350的交付據點 設置最後組裝線的訊息也曝光

波音飛機的最後組裝線位於美國國內，但多國籍的空巴除了法國圖盧茲、德國漢堡之外，在美國阿拉巴馬州莫比爾（Mobile）、中國天津也設有生產線。其中，莫比爾負責A320及A220的最後組裝線，而中國天津自2015年起負責A320的最後組裝，還設有廣體機的完成及交付中心（C&DC，completion and delivery center）。在圖盧茲進行最後組裝的機體，運到這個完成及交付中心設置客艙、漆上塗裝，實施量產測試飛行（acceptance flight，驗收飛行），然後交付航空公司客戶。

天津從2017年起成為A330的完成及交付中心，接著從2021年7月起增加了A350。在成立A350的完成及交付中心時，由圖盧茲派遣專家前往天津訓練160名中國員工。2021年7月，第一架A350從天津的完成及交付中心交付中國東方航空。到2023年8月底為止，一共有19架A350從天津交付客戶。

現在完成及交付中心的作業只限於A330及A350，但根據媒體於2019年11

2021年7月在天津的C&DC交付中國東方航空的第一架A350。曾經有消息傳出，未來也將在天津設立最後組裝線，但直到2024年初仍未實現。

月的報導，空巴簽訂了一項在天津進行A350最後組裝的合作備忘錄。於是天津的A350的最後組裝，將從2020年後半期開始，開始將第一架機體在2021年交付中國的航空公司。

但是，目前這項計畫並未實現。天津工廠受到新冠肺炎疫情的影響暫時停止作業，空巴可能會重新調整在天津的計畫。未來如果中國及亞洲的中型機需求回升的話，A350和A330的最後組裝仍有可能在天津進行。至少在天津實施最後的完成作業然後交付客戶的A350，今後將會越來越多吧！

打翻飲料導致發動機停擺！？
電影情節在現實中上演

A350的駕駛艙。飲料灑出導致發動機停止轉動的電影情節在現實中確實發生過。

在東京舉辦亞洲第一次奧運的1964年秋季，上映了一部與飛機事故有關的懸疑推理電影《22號民航機》（Fate is the Hunter）。一架雙發機因為發動機故障在迫降之際，撞擊海邊的碼頭而爆炸起火，雖然有1名空服員獲救，但是有53名乘客喪生。

電影中追溯了事故的原因，首先是右邊的發動機受到鳥擊而停止轉動，然後不知道為何，左邊的發動機也停止轉動了，於是不得不迫降。但是進一步追究原因，竟然是右邊的發動機停止轉動時，機身因而傾斜，咖啡傾倒灑了出來，導致電子系統短路。警報裝置誤判是左邊的發動機故障而發出警報。這是電影中的情節，不過，達美航空的A350卻發生了極為相似的事件。

2020年1月21日，一架達美航空的A350飛往首爾，途中右邊的發動機發生故障而停止轉動。機師嘗試再度啟動發動機但卻失敗，最後緊急降落在安克拉治。2019年11月也曾經發生過同樣的事例，不過沒有公布航空公司的名稱。

空巴的最新銳飛機突然發生意外，原因是飲料灑出導致系統接收到錯誤的訊號，造成這樣的結果。這個事件和前述電影《22號民航機》的情節簡直一模一樣。事後分析達美航空飛機的飛行紀錄器，得知在發動機停止轉動的大約15分鐘前，位於駕駛艙左右兩座之間的綜合操作面板的發動機啟動開關和ECAM（電子式集中飛機監控裝置）上面的飲料灑出來了。導致綜合操作面板發出的訊號產生錯亂，促使EEC（electronic engine controller，電子式發動機控制裝置）把HPSOV （high-pressure shutoff valve，高壓截流閥）截斷，使得右發動機停擺。在這兩個案例中，並不像電影那樣另一邊的發動機也停擺，而且現在距離電影上映的時間已經過了60年，飛機的安全措施進步非常多，應該不至於發生重大的事故，不過空巴仍對於駕駛艙的飲料處理制定了建議措施。

因新冠疫情而活躍的A350貨運客機 空巴的測試平台機也從事口罩的運送

在新冠肺炎疫情擴及全球的2020年，全世界的航空界陷入前所未有的危機之中。客機的航班銳減，尤其是中、大型客機，在2020年4月比前年減少了86%之多。A350當然也不例外。

另一方面，全球卻面臨口罩不足的新問題。因此，空巴於2020年4月使用A350-1000測試平台機把口罩從中國運送到法國。這個機體就是前述也用於ATTOL測試飛行的F-WMIL。4月3日A350-1000從圖盧茲出發，4月4日抵達天津，裝載400萬片口罩飛往德國的漢堡。400萬片口罩捐贈給法國、德國、西班牙、英國等各國政府。當然，由於新冠疫情的關係，許多空巴飛機被用於運送口罩及醫療用品等物資，尤其是客機改裝而成的簡易貨機「貨運客機」（preighter）的活躍引起了極大的關注。

空巴於2020年4月發表了改裝（包括法規的適用）專案，把客機的座椅拆除，暫時把主層艙當作貨艙使用。改裝的對象是經濟艙，把座椅拆除之後，從旅客用艙門送入PKC棧板，安裝在座椅導軌上。所謂的PKC，是運輸一般貨物所使用的棧板，具有10000lb

在全世界陷入口罩不足的新冠疫情初期，從中國緊急運送口罩到歐洲的A350-1000測試平台機。

（約4500公斤）的載重量，尺寸為156×153×112公分，每個棧板可裝載260公斤、2.7立方公尺的貨物。而且，空巴考量到安全性，也採用了EASA標準沒有要求的9G保護網（barrier net）。A350能夠裝載大約30片這樣的棧板。這個專案依據空巴的服務通報（SB，service bulletin）SB25-P170採行套裝化作業。現在，空巴已經在開發A350貨機，但是在新冠肺炎疫情期間，有許多A350是以「貨運客機」的形式從事貨物運輸。

第一家營運這種A350貨運客機的航空公司是韓亞航空，於2020年9月底從首爾飛往洛杉磯，運送電子商務（e-commerce）用的電子機器及服飾等物品。其他還有漢莎航空、卡達航空、新加坡航空、衣索比亞航空、越南航空等多家航空公司也使用了A350貨運客機。

除了A350之外，還有許多空巴飛機及波音飛機也是貨運客機，不過到了2022年，各國開始禁止貨運客機的飛航，因其缺少一般貨機必須裝配的消防系統等裝備。「貨運客機」畢竟只是在特殊情況下准許飛航的權宜之計，但是在新冠肺炎疫情這種前所未有的緊急事態下的活躍場景，未來仍將被牢記在心吧！

值得注意的neo化與氫化
A350的未來會變成如何？

近年來，空巴客機系列的特徵就是「neo」。A319neo、A320neo、A321neo、A330neo，當今空巴飛機的主流都加上了「neo」。就連已經結束生產的A380，也曾經研議是否開發A380neo。這麼看來，以後如果有A350neo登場也是不足為奇。事實上有消息指出，早在2018年左右就已經開始研議A350neo了。

2019年2月，兩位和空巴頗有淵源的人士說：「空巴似乎在關注勞斯萊斯的新世代大型發動機『超級風扇』（Ultra-Fan）。」到了2020年代後半期，有報導指出超級風扇有可能裝配於A350neo。另外，美國《Aviation Week & Space Technology》則指稱，直到2019年底為止，GE一直在與空巴一起研究A350neo如何裝配GE9X。此外也有多份報告指出，空巴似乎把勞斯萊斯和GE兩家的發動機都列為有力的候選者。

但在那之後，再也沒有關於A350neo的具體報導。這是因為新冠肺炎疫情的影響，使A350之類的中型機市場大幅萎縮，導致情況有了巨大的變化。未來有兩個可能的發展方向：其一是A350neo可能會以波音777X的競爭機型登場。另一個則是放棄A350neo，空巴的新世代中型機將會是新設計的機體。不過這些終歸只是預測，目前完全不清楚會是哪一個方向。

另一個值得注意的事情是飛機發動機的氫化。2023年5月，歐洲民航會議（ECAC，European Civil Aviation Conference）的網站上，刊登了一幅一看就

知道是A350機體的插畫。不過，發動機安裝著類似先進渦輪螺旋槳發動機（advanced turboprop）的螺旋槳。標題寫著「氫在航空上的可能性與對機場系統的整合」。網站上完全沒有談到關於A350的氫化，但究竟為什麼會刊登這幅插畫呢？

現在，EU和英國正積極地推動飛機的氫化，政府與民間的計畫數量將近美國的3倍。其中，空巴於2020年9月發表了「ZEROe專案」，企圖在2035年達到氫飛機商用化的目標。目前，小型機以上（A320及737等級）機體的電動化、油電混合化、氫燃料電池的應用在技術上、性能上都還有很多困難，因此如果要把A350氫化，應該採用氫渦輪機才對。不過，空巴已經選定A380作為「ZEROe專案」的測試機，所以目前還無法把A350和氫渦輪機連結在一起。「neo化」和「氫化」，A350的未來將會如何演變呢？

A330-900（neo）和A350-1000。很早以前就流傳可能會開發A350neo，但始終沒有具體的決定。

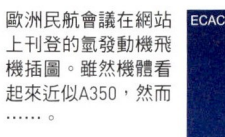

歐洲民航會議在網站上刊登的氫發動機飛機插圖。雖然機體看起來近似A350，然而……。

在日本的航空公司設籍的
波音777&空巴A350
全機名冊

原三大航空公司都有引進的777
國際航線也開始引進的Ａ３５０

日本航空、全日空、日本佳速航空這三家日本舊有的大型航空公司，全都引進了波音777。當初只是作為補充747的配角，後來隨著性能及可靠度的提升，也開始投入長程國際航線，逐漸發展成為旗艦機的重要角色。此外，777-300ER也接手747-400的棒子，成為第二代日本政府專機。另一方面，長久以來一直是以美國製客機為旗艦機的日本航空，從2019年起開始引進空巴A350。作為新的長程國際航線旗艦機的A350-1000，也在2024年1月投入營運。截至目前為止，在日本的大型機領域，波音飛機還是占有壓倒性的優勢，但可以預見未來將是波音和空巴飛機分庭抗禮的態勢。

相片=查理古庄、佐藤言夫

※依照新註冊日期的前後順序排列。相片所示不一定是最後塗裝（最新塗裝）。　　※數據為截至2024年1月底的資料。

Boeing777

[註冊編號]JA8197
[製造編號]27027
[註冊日期]1995/10/05
[型號]Boeing777-281
[最後營運公司]全日空
[註銷日期]2016/08/24

[註冊編號]JA8198
[製造編號]27028
[註冊日期]1995/12/21
[型號]Boeing777-281
[最後營運公司]全日空
[註銷日期]2017/01/20

[註冊編號]JA8981 [製造編號]27364 [註冊日期]1996/02/16	[型號]Boeing777-246 [最後營運公司]**日本航空** [註銷日期]2014/06/17	[註冊編號]JA8982 [製造編號]27365 [註冊日期]1996/03/26	[型號]Boeing777-246 [最後營運公司]**日本航空** [註銷日期]2014/11/20
[註冊編號]JA8199 [製造編號]27029 [註冊日期]1996/05/24	[型號]Boeing777-281 [最後營運公司]**全日空** [註銷日期]2016/05/26	[註冊編號]JA8967 [製造編號]27030 [註冊日期]1996/08/13	[型號]Boeing777-281 [最後營運公司]**全日空** [註銷日期]2017/06/22
[註冊編號]JA8968 [製造編號]27031 [註冊日期]1996/08/15	[型號]Boeing777-281 [最後營運公司]**全日空** [註銷日期]2017/02/23	[註冊編號]JA8983 [製造編號]27366 [註冊日期]1996/09/13	[型號]Boeing777-246 [最後營運公司]**日本航空** [註銷日期]2015/05/28
[註冊編號]JA8977 [製造編號]27636 [註冊日期]1996/12/04	[型號]Boeing777-289 [最後營運公司]**日本航空** [註銷日期]2020/09/01	[註冊編號]JA8969 [製造編號]27032 [註冊日期]1996/12/17	[型號]Boeing777-281 [最後營運公司]**全日空** [註銷日期]2018/02/05
[註冊編號]JA8984 [製造編號]27651 [註冊日期]1997/04/22	[型號]Boeing777-246 [最後營運公司]**日本航空** [註銷日期]2020/02/25	[註冊編號]JA8985 [製造編號]27652 [註冊日期]1997/05/15	[型號]Boeing777-246 [最後營運公司]**日本航空** [註銷日期]2020/08/20

[註冊編號]JA701A　[型號]Boeing777-281
[製造編號]27983　[最後營運公司]全日空
[註冊日期]1997/06/24　[註銷日期]2018/01/22

[註冊編號]JA8978　[型號]Boeing777-289
[製造編號]27637　[最後營運公司]日本航空
[註冊日期]1997/06/27　[註銷日期]2023/01/26

[註冊編號]JA702A　[型號]Boeing777-281
[製造編號]27033　[最後營運公司]全日空
[註冊日期]1997/07/01　[註銷日期]2021/12/23

[註冊編號]JA703A　[型號]Boeing777-281
[製造編號]27034　[最後營運公司]全日空
[註冊日期]1997/08/08　[註銷日期]2019/03/14

[註冊編號]JA8979　[型號]Boeing777-289
[製造編號]27638　[最後營運公司]日本航空
[註冊日期]1997/11/26　[註銷日期]2022/01/12

[註冊編號]JA704A　[型號]Boeing777-281
[製造編號]27035　[最後營運公司]全日空
[註冊日期]1998/03/27　[註銷日期]2020/11/25

[註冊編號]JA007D　[型號]Boeing777-289
[製造編號]27639　[最後營運公司]日本航空
[註冊日期]1998/04/28　[註銷日期]2022/03/29

[註冊編號]JA705A　[型號]Boeing777-281
[製造編號]29029　[最後營運公司]全日空
[註冊日期]1998/04/28　[註銷日期]2021/01/19

[註冊編號]JA706A　[型號]Boeing777-281
[製造編號]27036　[最後營運公司]全日空
[註冊日期]1998/05/21　[註銷日期]2020/06/22

[註冊編號]JA008D　[型號]Boeing777-289
[製造編號]27640　[最後營運公司]日本航空
[註冊日期]1998/06/24　[註銷日期]2022/02/25

在日本的航空公司設籍的 **波音777&空巴A350全機名冊**

[註冊編號]JA751A	[型號]Boeing777-381
[製造編號]28272	[最後營運公司]**全日空**
[註冊日期]1998/07/01	[註銷日期]**現役運行**

[註冊編號]JA8941	[型號]Boeing777-346
[製造編號]28393	[最後營運公司]**日本航空**
[註冊日期]1998/07/29	[註銷日期]2015/06/16

[註冊編號]JA753A	[型號]Boeing777-381
[製造編號]28273	[最後營運公司]**全日空**
[註冊日期]1998/07/30	[註銷日期]**現役運行**

[註冊編號]JA8942	[型號]Boeing777-346
[製造編號]28394	[最後營運公司]**日本航空**
[註冊日期]1998/08/27	[註銷日期]2015/04/30

[註冊編號]JA752A	[型號]Boeing777-381
[製造編號]28274	[最後營運公司]**全日空**
[註冊日期]1998/08/28	[註銷日期]**現役運行**

[註冊編號]JA009D	[型號]Boeing777-289
[製造編號]27641	[最後營運公司]**日本航空**
[註冊日期]1998/09/03	[註銷日期]2022/01/31

[註冊編號]JA754A	[型號]Boeing777-381
[製造編號]27939	[最後營運公司]**全日空**
[註冊日期]1998/10/21	[註銷日期]**現役運行**

[註冊編號]JA8943	[型號]Boeing777-346
[製造編號]28395	[最後營運公司]**日本航空**
[註冊日期]1999/03/18	[註銷日期]2016/01/18

[註冊編號]JA755A	[型號]Boeing777-381
[製造編號]28275	[最後營運公司]**全日空**
[註冊日期]1999/04/07	[註銷日期]**現役運行**

[註冊編號]JA8944	[型號]Boeing777-346
[製造編號]28396	[最後營運公司]**日本航空**
[註冊日期]1999/04/23	[註銷日期]2022/08/15

[註冊編號]JA010D　　　　　[型號]Boeing777-289
[製造編號]27642　　　　　[最後營運公司]日本航空
[註冊日期]1999/05/14　　　[註銷日期]2022/05/13

[註冊編號]JA8945　　　　　[型號]Boeing777-346
[製造編號]28397　　　　　[最後營運公司]日本航空
[註冊日期]1999/08/18　　　[註銷日期]2022/05/23

[註冊編號]JA707A　　　　　[型號]Boeing777-281ER
[製造編號]27037　　　　　[最後營運公司]全日空
[註冊日期]1999/10/07　　　[註銷日期]2020/11/04

[註冊編號]JA708A　　　　　[型號]Boeing777-281ER
[製造編號]28277　　　　　[最後營運公司]全日空
[註冊日期]2000/05/11　　　[註銷日期]2022/02/03

[註冊編號]JA709A　　　　　[型號]Boeing777-281ER
[製造編號]28278　　　　　[最後營運公司]全日空
[註冊日期]2000/06/16　　　[註銷日期]2022/01/28

[註冊編號]JA710A　　　　　[型號]Boeing777-281ER
[製造編號]28279　　　　　[最後營運公司]全日空
[註冊日期]2000/10/04　　　[註銷日期]2022/01/28

[註冊編號]JA701J　　　　　[型號]Boeing777-246ER
[製造編號]32889　　　　　[最後營運公司]日本航空
[註冊日期]2002/07/12　　　[註銷日期]2023/05/23

[註冊編號]JA702J　　　　　[型號]Boeing777-246ER
[製造編號]32890　　　　　[最後營運公司]日本航空
[註冊日期]2002/09/24　　　[註銷日期]2023/05/12

[註冊編號]JA703J　　　　　[型號]Boeing777-246ER
[製造編號]32891　　　　　[最後營運公司]日本航空
[註冊日期]2003/02/04　　　[註銷日期]2023/12/15

[註冊編號]JA771J　　　　　[型號]Boeing777-246
[製造編號]27656　　　　　[最後營運公司]日本航空
[註冊日期]2003/05/13　　　[註銷日期]2022/06/07

在日本的航空公司設籍的波音777&空巴A350全機名冊

[註冊編號]JA756A [製造編號]27039 [註冊日期]2003/05/21 [型號]Boeing777-381 [最後營運公司]全日空 [註銷日期]2021/02/01	[註冊編號]JA704J [製造編號]32892 [註冊日期]2003/05/29 [型號]Boeing777-246ER [最後營運公司]日本航空 [註銷日期]2021/10/21
[註冊編號]JA757A [製造編號]27040 [註冊日期]2003/06/12 [型號]Boeing777-381 [最後營運公司]全日空 [註銷日期]2021/02/12	[註冊編號]JA705J [製造編號]32893 [註冊日期]2003/07/16 [型號]Boeing777-246ER [最後營運公司]日本航空 [註銷日期]2022/04/05
[註冊編號]JA751J [製造編號]27654 [註冊日期]2003/11/05 [型號]Boeing777-346 [最後營運公司]日本航空 [註銷日期]2022/08/04	[註冊編號]JA752J [製造編號]27655 [註冊日期]2003/11/14 [型號]Boeing777-346 [最後營運公司]日本航空 [註銷日期]2022/09/02
[註冊編號]JA706J [製造編號]33394 [註冊日期]2003/12/17 [型號]Boeing777-246ER [最後營運公司]日本航空 [註銷日期]2021/05/26	[註冊編號]JA707J [製造編號]32894 [註冊日期]2004/04/14 [型號]Boeing777-246ER [最後營運公司]日本航空 [註銷日期]2022/04/13
[註冊編號]JA731J [製造編號]32431 [註冊日期]2004/06/16 [型號]Boeing777-346ER [最後營運公司]日本航空 [註銷日期]現役運行	[註冊編號]JA711A [製造編號]33406 [註冊日期]2004/06/22 [型號]Boeing777-281 [最後營運公司]全日空 [註銷日期]2021/02/01

[註冊編號]JA708J [製造編號]32895 [註冊日期]2004/06/25	[型號]Boeing777-246ER [最後營運公司]日本航空 [註銷日期]2022/04/18
[註冊編號]JA732J [製造編號]32430 [註冊日期]2004/07/02	[型號]Boeing777-346ER [最後營運公司]日本航空 [註銷日期]現役運行
[註冊編號]JA709J [製造編號]32896 [註冊日期]2004/09/03	[型號]Boeing777-246ER [最後營運公司]日本航空 [註銷日期]2022/12/09
[註冊編號]JA712A [製造編號]33407 [註冊日期]2004/10/26	[型號]Boeing777-281 [最後營運公司]全日空 [註銷日期]2020/12/22
[註冊編號]JA731A [製造編號]28281 [註冊日期]2004/10/29	[型號]Boeing777-381ER [最後營運公司]全日空 [註銷日期]2021/04/21
[註冊編號]JA713A [製造編號]32647 [註冊日期]2005/03/23	[型號]Boeing777-281 [最後營運公司]全日空 [註銷日期]現役運行
[註冊編號]JA772J [製造編號]27657 [註冊日期]2005/04/15	[型號]Boeing777-246 [最後營運公司]日本航空 [註銷日期]2022/11/30
[註冊編號]JA732A [製造編號]27038 [註冊日期]2005/04/26	[型號]Boeing777-381ER [最後營運公司]全日空 [註銷日期]2021/01/21
[註冊編號]JA733J [製造編號]32432 [註冊日期]2005/06/21	[型號]Boeing777-346ER [最後營運公司]日本航空 [註銷日期]現役運行
[註冊編號]JA714A [製造編號]28276 [註冊日期]2005/06/29	[型號]Boeing777-281 [最後營運公司]全日空 [註銷日期]現役運行

在日本的航空公司設籍的 波音777&空巴A350全機名冊

[註冊編號]JA710J　　[型號]Boeing777-246ER
[製造編號]33395　　[最後營運公司]日本航空
[註冊日期]2005/07/12　　[註銷日期]2022/10/27

[註冊編號]JA734J　　[型號]Boeing777-346ER
[製造編號]32433　　[最後營運公司]日本航空
[註冊日期]2005/07/27　　[註銷日期]現役運行

[註冊編號]JA711J　　[型號]Boeing777-246ER
[製造編號]33396　　[最後營運公司]日本航空
[註冊日期]2005/08/31　　[註銷日期]2022/12/28

[註冊編號]JA733A　　[型號]Boeing777-381ER
[製造編號]32648　　[最後營運公司]全日空
[註冊日期]2005/10/21　　[註銷日期]2020/12/04

[註冊編號]JA734A　　[型號]Boeing777-381ER
[製造編號]32649　　[最後營運公司]全日空
[註冊日期]2006/03/24　　[註銷日期]2021/03/01

[註冊編號]JA715A　　[型號]Boeing777-281ER
[製造編號]32646　　[最後營運公司]全日空
[註冊日期]2006/05/11　　[註銷日期]現役運行

[註冊編號]JA735A　　[型號]Boeing777-381ER
[製造編號]34892　　[最後營運公司]全日空
[註冊日期]2006/06/16　　[註銷日期]2021/06/02

[註冊編號]JA716A　　[型號]Boeing777-281ER
[製造編號]33414　　[最後營運公司]全日空
[註冊日期]2006/06/29　　[註銷日期]現役運行

[註冊編號]JA735J　　[型號]Boeing777-346ER
[製造編號]32434　　[最後營運公司]日本航空
[註冊日期]2006/07/20　　[註銷日期]現役運行

[註冊編號]JA717A　　[型號]Boeing777-281ER
[製造編號]33415　　[最後營運公司]全日空
[註冊日期]2006/08/09　　[註銷日期]現役運行

[註冊編號]JA736J [製造編號]32435 [註冊日期]2006/08/22	[型號]Boeing777-346ER [最後營運公司]**日本航空** [註銷日期]**現役運行**
[註冊編號]JA736A [製造編號]34893 [註冊日期]2006/09/28	[型號]Boeing777-381ER [最後營運公司]**全日空** [註銷日期]2021/05/28
[註冊編號]JA777A [製造編號]32650 [註冊日期]2006/10/20	[型號]Boeing777-381ER [最後營運公司]**全日空** [註銷日期]2021/04/23
[註冊編號]JA778A [製造編號]32651 [註冊日期]2007/01/26	[型號]Boeing777-381ER [最後營運公司]**全日空** [註銷日期]2021/05/20
[註冊編號]JA779A [製造編號]34894 [註冊日期]2007/04/27	[型號]Boeing777-381ER [最後營運公司]**全日空** [註銷日期]2021/07/15
[註冊編號]JA773J [製造編號]27653 [註冊日期]2007/05/18	[型號]Boeing777-246 [最後營運公司]**日本航空** [註銷日期]2021/12/21
[註冊編號]JA780A [製造編號]34895 [註冊日期]2007/06/01	[型號]Boeing777-381ER [最後營運公司]**全日空** [註銷日期]2021/07/21
[註冊編號]JA781A [製造編號]27041 [註冊日期]2007/09/26	[型號]Boeing777-381ER [最後營運公司]**全日空** [註銷日期]2021/05/13
[註冊編號]JA737J [製造編號]36126 [註冊日期]2007/10/05	[型號]Boeing777-346ER [最後營運公司]**日本航空** [註銷日期]**現役運行**
[註冊編號]JA782A [製造編號]33416 [註冊日期]2008/01/25	[型號]Boeing777-381ER [最後營運公司]**全日空** [註銷日期]2021/06/10

在日本的航空公司設籍的**波音777&空巴A350全機名冊**

[註冊編號]JA738J　[型號]Boeing777-346ER
[製造編號]32436　[最後營運公司]**日本航空**
[註冊日期]2008/06/24　[註銷日期]**現役運行**

[註冊編號]JA739J　[型號]Boeing777-346ER
[製造編號]32437　[最後營運公司]**日本航空**
[註冊日期]2008/08/01　[註銷日期]**現役運行**

[註冊編號]JA783A　[型號]Boeing777-381ER
[製造編號]27940　[最後營運公司]**全日空**
[註冊日期]2008/08/01　[註銷日期]2021/06/21

[註冊編號]JA740J　[型號]Boeing777-346ER
[製造編號]36127　[最後營運公司]**日本航空**
[註冊日期]2008/08/29　[註銷日期]**現役運行**

[註冊編號]JA741J　[型號]Boeing777-346ER
[製造編號]36128　[最後營運公司]**日本航空**
[註冊日期]2009/09/16　[註銷日期]**現役運行**

[註冊編號]JA742J　[型號]Boeing777-346ER
[製造編號]36129　[最後營運公司]**日本航空**
[註冊日期]2009/10/01　[註銷日期]**現役運行**

[註冊編號]JA743J　[型號]Boeing777-346ER
[製造編號]36130　[最後營運公司]**日本航空**
[註冊日期]2009/10/28　[註銷日期]**現役運行**

[註冊編號]JA784A　[型號]Boeing777-381ER
[製造編號]38950　[最後營運公司]**全日空**
[註冊日期]2010/01/05　[註銷日期]**現役運行**

[註冊編號]JA785A　[型號]Boeing777-381ER
[製造編號]38951　[最後營運公司]**全日空**
[註冊日期]2010/03/30　[註銷日期]**現役運行**

[註冊編號]JA786A　[型號]Boeing777-381ER
[製造編號]37948　[最後營運公司]**全日空**
[註冊日期]2010/05/18　[註銷日期]2022/11/11

[註冊編號]JA787A　　[型號]Boeing777-381ER
[製造編號]37949　　[最後營運公司]全日空
[註冊日期]2010/06/11　　[註銷日期]現役運行

[註冊編號]JA788A　　[型號]Boeing777-381ER
[製造編號]40686　　[最後營運公司]全日空
[註冊日期]2010/07/01　　[註銷日期]現役運行

[註冊編號]JA789A　　[型號]Boeing777-381ER
[製造編號]40687　　[最後營運公司]全日空
[註冊日期]2010/07/01　　[註銷日期]2022/12/08

[註冊編號]JA741A　　[型號]Boeing777-281ER
[製造編號]40900　　[最後營運公司]全日空
[註冊日期]2012/04/20　　[註銷日期]現役運行

[註冊編號]JA742A　　[型號]Boeing777-281ER
[製造編號]40901　　[最後營運公司]全日空
[註冊日期]2012/05/24　　[註銷日期]現役運行

[註冊編號]JA743A　　[型號]Boeing777-281ER
[製造編號]40902　　[最後營運公司]全日空
[註冊日期]2013/03/29　　[註銷日期]現役運行

[註冊編號]JA744A　　[型號]Boeing777-281ER
[製造編號]40903　　[最後營運公司]全日空
[註冊日期]2013/05/30　　[註銷日期]現役運行

[註冊編號]JA745A　　[型號]Boeing777-281ER
[製造編號]40904　　[最後營運公司]全日空
[註冊日期]2013/06/21　　[註銷日期]現役運行

[註冊編號]JA790A　　[型號]Boeing777-381ER
[製造編號]60136　　[最後營運公司]全日空
[註冊日期]2015/03/27　　[註銷日期]現役運行

[註冊編號]JA791A　　[型號]Boeing777-381ER
[製造編號]60137　　[最後營運公司]全日空
[註冊日期]2015/04/23　　[註銷日期]現役運行

在日本的航空公司設籍的 **波音777&空巴A350全機名冊**

[註冊編號]JA792A　　　[型號]Boeing777-381ER
[製造編號]60381　　　[最後營運公司]**全日空**
[註冊日期]2015/05/19　[註銷日期]**現役運行**

[註冊編號]80-1111　　　[型號]Boeing777-3SB/ER
[製造編號]62439　　　[最後營運公司]**航空自衛隊**
[註冊日期]2018/8/17(抵達日本)　[註銷日期]**現役運行**

[註冊編號]80-1112　　　[型號]Boeing777-3SB/ER
[製造編號]62440　　　[最後營運公司]**航空自衛隊**
[註冊日期]2018/12/11(抵達日本)　[註銷日期]**現役運行**

[註冊編號]JA771F　　　[型號]Boeing777F
[製造編號]65756　　　[最後營運公司]**全日空**
[註冊日期]2019/05/21　[註銷日期]**現役運行**

[註冊編號]JA772F　　　[型號]Boeing777F
[製造編號]65757　　　[最後營運公司]**全日空**
[註冊日期]2019/06/11　[註銷日期]**現役運行**

[註冊編號]JA795A　　　[型號]Boeing777-300ER
[製造編號]61514　　　[最後營運公司]**全日空**
[註冊日期]2019/07/01　[註銷日期]**現役運行**

[註冊編號]JA793A　　　[型號]Boeing777-300ER
[製造編號]61512　　　[最後營運公司]**全日空**
[註冊日期]2019/07/26　[註銷日期]**現役運行**

[註冊編號]JA794A　　　[型號]Boeing777-300ER
[製造編號]61513　　　[最後營運公司]**全日空**
[註冊日期]2019/10/24　[註銷日期]**現役運行**

[註冊編號]JA797A　　　[型號]Boeing777-300ER
[製造編號]61516　　　[最後營運公司]**全日空**
[註冊日期]2019/10/29　[註銷日期]**現役運行**

[註冊編號]JA796A　　　[型號]Boeing777-300ER
[製造編號]61515　　　[最後營運公司]**全日空**
[註冊日期]2019/12/19　[註銷日期]**現役運行**

Boeing 777 vs Airbus A350

[註冊編號]**JA798A** [型號]**Boeing777-300ER**
[製造編號]**61517** [最後營運公司]**全日空**
[註冊日期]**2019/12/23** [註銷日期]**現役運行**

Airbus A350XWB

[註冊編號]**JA01XJ** [型號]**Airbus A350-941**
[製造編號]**321** [最後營運公司]**日本航空**
[註冊日期]**2019/06/12** [註銷日期]**現役運行**

[註冊編號]**JA02XJ** [型號]**Airbus A350-941**
[製造編號]**333** [最後營運公司]**日本航空**
[註冊日期]**2019/08/29** [註銷日期]**現役運行**

[註冊編號]**JA03XJ** [型號]**Airbus A350-941**
[製造編號]**343** [最後營運公司]**日本航空**
[註冊日期]**2019/09/20** [註銷日期]**現役運行**

[註冊編號]**JA04XJ** [型號]**Airbus A350-941**
[製造編號]**352** [最後營運公司]**日本航空**
[註冊日期]**2019/10/25** [註銷日期]**現役運行**

[註冊編號]**JA05XJ** [型號]**Airbus A350-941**
[製造編號]**370** [最後營運公司]**日本航空**
[註冊日期]**2019/12/11** [註銷日期]**現役運行**

[註冊編號]**JA06XJ** [型號]**Airbus A350-941**
[製造編號]**405** [最後營運公司]**日本航空**
[註冊日期]**2020/05/15** [註銷日期]**現役運行**

[註冊編號]**JA07XJ** [型號]**Airbus A350-941**
[製造編號]**451** [最後營運公司]**日本航空**
[註冊日期]**2020/12/01** [註銷日期]**現役運行**

[註冊編號]**JA08XJ** [型號]**Airbus A350-941**
[製造編號]**476** [最後營運公司]**日本航空**
[註冊日期]**2020/12/22** [註銷日期]**現役運行**

在日本的航空公司設籍的 **波音777&空巴A350全機名冊**

[註冊編號]JA09XJ　　　[型號]Airbus A350-941
[製造編號]497　　　　[最後營運公司]日本航空
[註冊日期]2021/06/15　[註銷日期]現役運行

[註冊編號]JA10XJ　　　[型號]Airbus A350-941
[製造編號]531　　　　[最後營運公司]日本航空
[註冊日期]2021/08/18　[註銷日期]現役運行

[註冊編號]JA11XJ　　　[型號]Airbus A350-900
[製造編號]535　　　　[最後營運公司]日本航空
[註冊日期]2021/09/10　[註銷日期]現役運行

[註冊編號]JA12XJ　　　[型號]Airbus A350-900
[製造編號]536　　　　[最後營運公司]日本航空
[註冊日期]2021/09/21　[註銷日期]現役運行

[註冊編號]JA13XJ　　　[型號]Airbus A350-900
[製造編號]538　　　　[最後營運公司]日本航空
[註冊日期]2021/11/11　[註銷日期]2024/01/19

[註冊編號]JA14XJ　　　[型號]Airbus A350-900
[製造編號]541　　　　[最後營運公司]日本航空
[註冊日期]2021/12/17　[註銷日期]現役運行

[註冊編號]JA15XJ　　　[型號]Airbus A350-900
[製造編號]543　　　　[最後營運公司]日本航空
[註冊日期]2022/02/15　[註銷日期]現役運行

[註冊編號]JA16XJ　　　[型號]Airbus A350-900
[製造編號]552　　　　[最後營運公司]日本航空
[註冊日期]2022/04/22　[註銷日期]現役運行

[註冊編號]JA01WJ　　　[型號]Airbus A350-1041
[製造編號]610　　　　[最後營運公司]日本航空
[註冊日期]2023/12/12　[註銷日期]現役運行

[註冊編號]JA02WJ　　　[型號]Airbus A350-1041
[製造編號]629　　　　[最後營運公司]日本航空
[註冊日期]2024/1/XX　[註銷日期]現役運行

在日本的航空公司設籍的波音777&空巴A350一覽表

※依照註冊編號之順序列載（8開頭的四位數字為申請序號）　※數據為截至2024年1月底的資料

Boeing777

註冊編號	型號	製造編號	最後營運公司	註冊日期	註銷日期
JA8197	Boeing777-281	27027	全日空	1995/10/05	2016/08/24
JA8198	Boeing777-281	27028	全日空	1995/12/21	2017/01/20
JA8199	Boeing777-281	27029	全日空	1996/05/24	2016/05/26
JA8941	Boeing777-346	28393	日本航空	1998/07/29	2015/06/16
JA8942	Boeing777-346	28394	日本航空	1998/08/27	2015/04/30
JA8943	Boeing777-346	28395	日本航空	1999/03/18	2016/01/18
JA8944	Boeing777-346	28396	日本航空	1999/04/23	2022/08/15
JA8945	Boeing777-346	28397	日本航空	1999/08/18	2022/05/23
JA8967	Boeing777-281	27030	全日空	1996/08/13	2017/06/22
JA8968	Boeing777-281	27031	全日空	1996/08/15	2017/02/23
JA8969	Boeing777-281	27032	全日空	1996/12/17	2018/02/05
JA8977	Boeing777-289	27636	日本航空	1996/12/04	2020/09/01
JA8978	Boeing777-289	27637	日本航空	1997/06/27	2023/01/26
JA8979	Boeing777-289	27638	日本航空	1997/11/26	2022/01/12
JA8981	Boeing777-246	27364	日本航空	1996/02/16	2014/06/17
JA8982	Boeing777-246	27365	日本航空	1996/03/26	2014/11/20
JA8983	Boeing777-246	27366	日本航空	1996/09/13	2015/05/28
JA8984	Boeing777-246	27651	日本航空	1997/04/22	2020/02/25
JA8985	Boeing777-246	27652	日本航空	1997/05/15	2020/08/20
JA007D	Boeing777-289	27639	日本航空	1998/04/28	2022/03/29
JA008D	Boeing777-289	27640	日本航空	1998/06/24	2022/02/25
JA009D	Boeing777-289	27641	日本航空	1998/09/03	2022/01/31
JA010D	Boeing777-289	27642	日本航空	1999/05/14	2022/05/13
JA701A	Boeing777-281	27983	全日空	1997/06/24	2018/01/22
JA701J	Boeing777-246ER	32889	日本航空	2002/07/12	2023/05/23
JA702A	Boeing777-281	27033	全日空	1997/07/01	2021/12/23
JA702J	Boeing777-246ER	32890	日本航空	2002/09/24	2023/05/12
JA703A	Boeing777-281	27034	全日空	1997/08/08	2019/03/14
JA703J	Boeing777-246ER	32891	日本航空	2003/02/04	2023/12/15
JA704A	Boeing777-281	27035	全日空	1998/03/27	2020/11/25
JA704J	Boeing777-246ER	32892	日本航空	2003/05/29	2021/10/21
JA705A	Boeing777-281	29029	全日空	1998/04/28	2021/01/19
JA705J	Boeing777-246ER	32893	日本航空	2003/07/16	2022/04/05
JA706A	Boeing777-281	27036	全日空	1998/05/21	2020/06/22
JA706J	Boeing777-246ER	33394	日本航空	2003/12/17	2021/05/26
JA707A	Boeing777-281ER	27037	全日空	1999/10/07	2020/11/04
JA707J	Boeing777-246ER	32894	日本航空	2004/04/14	2022/04/13
JA708A	Boeing777-281ER	28277	全日空	2000/05/11	2022/02/03
JA708J	Boeing777-246ER	32895	日本航空	2004/06/25	2022/04/18
JA709A	Boeing777-281ER	28278	全日空	2000/06/16	2022/01/28
JA709J	Boeing777-246ER	32896	日本航空	2004/09/03	2022/12/09
JA710A	Boeing777-281ER	28279	全日空	2000/10/04	2022/01/28
JA710J	Boeing777-246ER	33395	日本航空	2005/07/12	2022/10/27
JA711A	Boeing777-281	33406	全日空	2004/06/22	2021/02/01
JA711J	Boeing777-246ER	33396	日本航空	2005/08/31	2022/12/28
JA712A	Boeing777-281	33407	全日空	2004/10/26	2020/12/22
JA713A	Boeing777-281	32647	全日空	2005/03/23	現役運行
JA714A	Boeing777-281	28276	全日空	2005/06/29	現役運行
JA715A	Boeing777-281ER	32646	全日空	2006/05/11	現役運行
JA716A	Boeing777-281ER	33414	全日空	2006/06/29	現役運行
JA717A	Boeing777-281ER	33415	全日空	2006/08/09	現役運行
JA731A	Boeing777-381ER	28281	全日空	2004/10/29	2021/04/21
JA731J	Boeing777-346ER	32431	日本航空	2004/06/16	現役運行
JA732A	Boeing777-381ER	27038	全日空	2005/04/26	2021/01/21
JA732J	Boeing777-346ER	32430	日本航空	2004/07/02	現役運行
JA733A	Boeing777-381ER	32648	全日空	2005/10/21	2020/12/04
JA733J	Boeing777-346ER	32432	日本航空	2005/06/21	現役運行
JA734A	Boeing777-381ER	32649	全日空	2006/03/24	2021/03/01
JA734J	Boeing777-346ER	32433	日本航空	2005/07/27	現役運行
JA735A	Boeing777-381ER	34892	全日空	2006/06/16	2021/06/02
JA735J	Boeing777-346ER	32434	日本航空	2006/07/20	現役運行
JA736A	Boeing777-381ER	34893	全日空	2006/09/28	2021/05/28
JA736J	Boeing777-346ER	32435	日本航空	2006/08/22	現役運行
JA737J	Boeing777-346ER	36126	日本航空	2007/10/05	現役運行
JA738J	Boeing777-346ER	32436	日本航空	2008/06/24	現役運行
JA739J	Boeing777-346ER	32437	日本航空	2008/08/01	現役運行

註冊編號	型號	製造編號	最後營運公司	註冊日期	註銷日期
JA740J	Boeing777-346ER	36127	日本航空	2008/08/29	現役運行
JA741A	Boeing777-281ER	40900	全日空	2012/04/20	現役運行
JA741J	Boeing777-346ER	36128	日本航空	2009/09/16	現役運行
JA742A	Boeing777-281ER	40901	全日空	2012/05/24	現役運行
JA742J	Boeing777-346ER	36129	日本航空	2009/10/01	現役運行
JA743A	Boeing777-281ER	40902	全日空	2013/03/29	現役運行
JA743J	Boeing777-346ER	36130	日本航空	2009/10/28	現役運行
JA744A	Boeing777-281ER	40903	全日空	2013/05/30	現役運行
JA745A	Boeing777-281ER	40904	全日空	2013/06/21	現役運行
JA751A	Boeing777-381	28272	全日空	1998/07/01	現役運行
JA751J	Boeing777-346	27654	日本航空	2003/11/05	2022/08/04
JA752A	Boeing777-381	28274	全日空	1998/08/28	現役運行
JA752J	Boeing777-346	27655	日本航空	2003/11/14	2022/09/02
JA753A	Boeing777-381	28273	全日空	1998/07/30	現役運行
JA754A	Boeing777-381	27939	全日空	1998/10/21	現役運行
JA755A	Boeing777-381	28275	全日空	1999/04/07	現役運行
JA756A	Boeing777-381	27039	全日空	2003/05/21	2021/02/01
JA757A	Boeing777-381	27040	全日空	2003/06/12	2021/02/12
JA771F	Boeing777-F81	65756	全日空	2019/05/21	現役運行
JA771J	Boeing777-246	27656	日本航空	2003/05/13	2022/06/07
JA772F	Boeing777-F81	65757	全日空	2019/06/11	現役運行
JA772J	Boeing777-246	27657	日本航空	2005/04/15	2022/11/30
JA773J	Boeing777-246	27653	日本航空	2007/05/18	2021/12/21
JA777A	Boeing777-381ER	32650	全日空	2006/10/20	2021/04/23
JA778A	Boeing777-381ER	32651	全日空	2007/01/26	2021/05/20
JA779A	Boeing777-381ER	34894	全日空	2007/04/27	2021/07/15
JA780A	Boeing777-381ER	34895	全日空	2007/06/01	2021/07/21
JA781A	Boeing777-381ER	27041	全日空	2007/09/26	2021/05/13
JA782A	Boeing777-381ER	33416	全日空	2008/01/25	2021/06/10
JA783A	Boeing777-381ER	27940	全日空	2008/08/01	2021/06/21
JA784A	Boeing777-381ER	38950	全日空	2010/01/05	現役運行
JA785A	Boeing777-381ER	38951	全日空	2010/03/30	現役運行
JA786A	Boeing777-381ER	37948	全日空	2010/05/18	2022/11/11
JA787A	Boeing777-381ER	37949	全日空	2010/06/11	現役運行
JA788A	Boeing777-381ER	40686	全日空	2010/07/01	現役運行
JA789A	Boeing777-381ER	40687	全日空	2010/07/01	2022/12/08
JA790A	Boeing777-381ER	60136	全日空	2015/03/27	現役運行
JA791A	Boeing777-381ER	60137	全日空	2015/04/23	現役運行
JA792A	Boeing777-381ER	60381	全日空	2015/05/19	現役運行
JA793A	Boeing777-300ER	61512	全日空	2019/07/26	現役運行
JA794A	Boeing777-300ER	61513	全日空	2019/10/24	現役運行
JA795A	Boeing777-300ER	61514	全日空	2019/07/01	現役運行
JA796A	Boeing777-300ER	61515	全日空	2019/12/19	現役運行
JA797A	Boeing777-300ER	61516	全日空	2019/10/29	現役運行
JA798A	Boeing777-300ER	61517	全日空	2019/12/23	現役運行
80-1111	Boeing777-3SB/ER	62439	航空自衛隊	2018/08/17（抵達日本）	現役運行
80-1112	Boeing777-3SB/ER	62440	航空自衛隊	2018/12/11（抵達日本）	現役運行

Airbus A350XWB

註冊編號	型號	製造編號	最後營運公司	註冊日期	註銷日期
JA01XJ	Airbus A350-941	321	日本航空	2019/06/12	現役運行
JA02XJ	Airbus A350-941	333	日本航空	2019/08/29	現役運行
JA03XJ	Airbus A350-941	343	日本航空	2019/09/20	現役運行
JA04XJ	Airbus A350-941	352	日本航空	2019/10/25	現役運行
JA05XJ	Airbus A350-941	370	日本航空	2019/12/11	現役運行
JA06XJ	Airbus A350-941	405	日本航空	2020/05/15	現役運行
JA07XJ	Airbus A350-941	451	日本航空	2020/12/01	現役運行
JA08XJ	Airbus A350-941	476	日本航空	2020/12/22	現役運行
JA09XJ	Airbus A350-941	497	日本航空	2021/06/15	現役運行
JA10XJ	Airbus A350-941	531	日本航空	2021/08/18	現役運行
JA11XJ	Airbus A350-941	535	日本航空	2021/09/10	現役運行
JA12XJ	Airbus A350-941	536	日本航空	2021/09/21	現役運行
JA13XJ	Airbus A350-941	538	日本航空	2021/11/11	2024/01/19
JA14XJ	Airbus A350-941	541	日本航空	2021/12/17	現役運行
JA15XJ	Airbus A350-941	543	日本航空	2022/02/15	現役運行
JA16XJ	Airbus A350-941	552	日本航空	2022/04/22	現役運行
JA01WJ	Airbus A350-1041	610	日本航空	2023/12/12	現役運行
JA02WJ	Airbus A350-1041	629	日本航空	2024/01/11	現役運行

※JA13XJ因2024年1月2日的事故全毀

【世界飛機系列13】
波音777 VS 空中巴士A350
兼具效率與運輸能力的大型旗艦機

作者／イカロス出版
翻譯／黃經良
特約編輯／王原賢
編輯／林庭安
發行人／周元白
出版者／人人出版股份有限公司
地址／231028新北市新店區寶橋路235巷6弄6號7樓
電話／(02)2918-3366 (代表號)
傳真／(02)2914-0000
網址／www.jjp.com.tw
郵政劃撥帳號／16402311人人出版股份有限公司
製版印刷／長城製版印刷股份有限公司
電話／(02)2918-3366(代表號)
香港經銷商／一代匯集
電話／(852)2783-8102
第一版第一刷／2025年3月
第一版第二刷／2025年7月
定價／新台幣500元
　　　港幣167元

國家圖書館出版品預行編目資料

波音777 VS空中巴士A350：兼具效率與運輸能力的
大型旗艦機／イカロス出版作；
黃經良翻譯. -- 第一版. -- 新北市：
人人出版股份有限公司，2025.03
面；　公分 . －（世界飛機系列；13）
ISBN 978-986-461-428-8（平裝）

1.CST：民航機

447.73　　　　　　　　　　　　　　114000171

FLAGSHIP SOUHATSUKI BOEING 777 VS AIRBUS A350
© Ikaros Publications, Ltd. 2024
Originally published in Japan in 2024 by Ikaros
Publications, Ltd., TOKYO.
Traditional Chinese Characters translation rights
arranged with Ikaros Publications, Ltd., TOKYO,
through TOHAN CORPORATION, TOKYO and KEIO
CULTURAL
ENTERPRISE CO., LTD., NEW TAIPEI CITY.
●著作權所有 翻印必究●